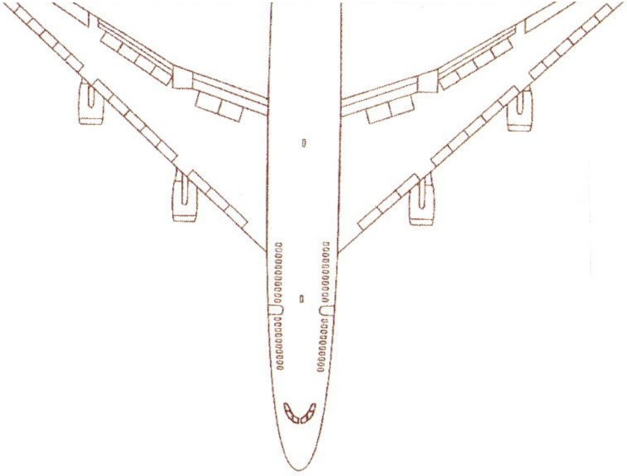

不止飞行

模拟飞行运动

主　编　贾　冰　袁继平　杨　东

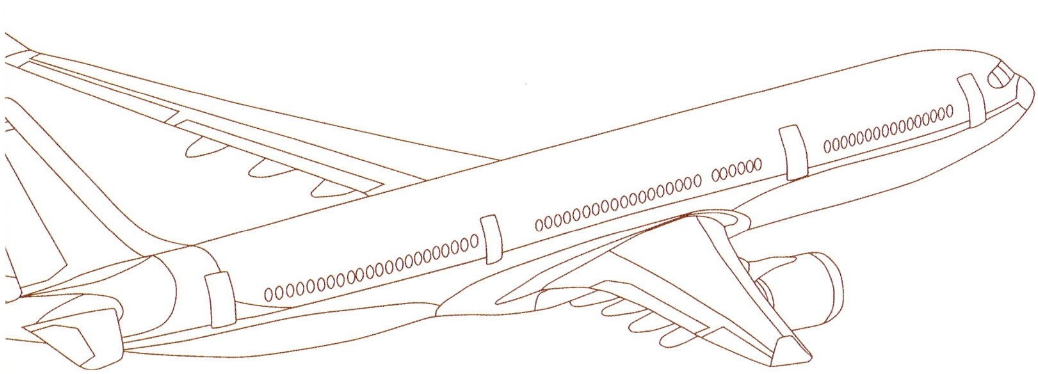

山东科学技术出版社
·济南·

图书在版编目（CIP）数据

不止飞行 : 模拟飞行运动 / 贾冰，袁继平，杨东主编. -- 济南 : 山东科学技术出版社，2024. 12. -- ISBN 978-7-5723-2241-9

Ⅰ. V323

中国国家版本馆 CIP 数据核字第 2024W4Q640 号

不止飞行——模拟飞行运动

BU ZHI FEIXING——MONI FEIXING YUNDONG

责任编辑：段　琰
装帧设计：孙　佳

主管单位：山东出版传媒股份有限公司
出 版 者：山东科学技术出版社
地址：济南市市中区舜耕路 517 号
邮编：250003　电话：（0531）82098088
网址：www.lkj.com.cn
电子邮件：sdkj@sdcbcm.com
发 行 者：山东科学技术出版社
地址：济南市市中区舜耕路 517 号
邮编：250003　电话：（0531）82098067
印 刷 者：山东华立印务有限公司
地址：山东省济南市莱芜高新区钱塘江街 019 号
邮编：271100　电话：（0531）76216033

规格： 16 开（170 mm × 240 mm）
印张： 12　　**字数：** 187 千
版次： 2024 年 12 月第 1 版　　**印次：** 2024 年 12 月第 1 次印刷
定价： 68.00 元

前言

在过去的20年里，模拟飞行项目已经在我国得到了长足的发展，成为青少年航空爱好者广泛参与的传统项目，并为培养新一代航空人才、推动航空产业发展注入了源源不断的活力。

2004年至今，中国航空运动协会（ASFC，以下简称中国航协）模拟飞行项目的自身定位与发展始终围绕国家航空强国重点战略，聚焦我国民航和空军招飞生源质量和数量的提升。通过标准化治理、多元化赛事产品供给以及跨界合作，促进青少年和全体国民航空意识的提升、航空人才的发掘培养，成为名副其实的航空教育竞赛国家队。

中国民用航空局自2019年起正式成为中国航协全国性模拟飞行竞赛的支持单位和指导单位，双方通过进一步发挥模拟飞行运动对专业飞行人才入口前置的作用，共同普及航空文化，培育航空人才，促进通航发展。

自2003年模拟飞行项目立项以来，国家体育总局航管中心（以下简称航管中心）就积极推动全国青少年模拟飞行锦标赛的举办，不断创新赛事模式，提高比赛的专业性和趣味性。这一赛事吸引了来自全国27个省（自治区、直辖市）的729所中小学校的积极参与，参与人数逐年攀升，影响力日益扩大。

全国青少年模拟飞行锦标赛自2022年起列入教育部公布的《2022—2025学年面向中小学生的全国性竞赛活动名单》。中国人民解放军空军招收飞行学员工作局（以下简称空军招飞局）与航管中心深度合作，共同探索以模拟飞行赛事为依托的我国飞行人才前置培养和潜能发现的新模式。在

2023年“第十四届全国青少年模拟飞行锦标赛”举办期间，空军招飞局委派空军招飞心理选拔专家鉴定组人员亲临赛事现场，他们同时也是招飞模拟飞行的检测专家。在观看了选手们在各个项目中的表现后，专家谈道:“模拟飞行检测是空军招收飞行学员心理选拔工作中的一项重要内容。将飞行仿真技术直接用于空军飞行职业选拔，提前对选拔对象进行预估性检测，并与现有招飞时的检测手段相结合，就形成了一个较为完善的飞行综合能力评估系统。采取全国青少年模拟飞行锦标赛预先地面教育、飞行专家带教等方法，运用心理测量技术，通过模拟飞行参数客观量化指标和飞行专家带飞观察的双重评价模式，对选手们的飞行潜质进行评定，主要检测选手们模拟飞行任务环境下的操控能力、模仿能力、注意力分配和个性心理特征等方面。模拟飞行的训练和竞赛客观反映出选手们的专注能力、接受模仿、理解记忆、杆舵协调、操纵控制、情绪变化、思维、决断、决策、反应控制、空间定向以及意志品质等方面的能力。在以往的招飞实践中，通过跟踪统计，模拟飞行检测成绩高的学生，其他两个项目的检测和专家面试考核成绩同样相对较高。模拟飞行对空军飞行人才前置培养和飞行潜能早期发现有着重大意义。”自此，全国青少年模拟飞行锦标赛步入为国选材新征程。

比赛过程中，青少年可通过模拟飞行软件，在虚拟的空中世界驾驶飞机，完成各种飞行任务。这不仅锻炼了他们的飞行技能，还培养了他们的团队合作精神和解决问题的能力。同时，模拟飞行项目还融合了虚拟现实等前沿科技，为青少年提供了一个全新的学习和娱乐平台，让他们在轻松愉快的氛围中感受航空科技的魅力。

全国高校模拟飞行锦标赛定位于服务航空强国重点战略，培养航空领军人才，助力国产大飞机深层次问题的解决，被列入中国高等教育学会高校竞赛评估与管理体系研究专家工作组发布的《2023全国普通高校大学生竞赛分析报告》观察目录。全国高校模拟飞行锦标赛作为高校飞行技术专业学科建设和大学生航空综合素质提升的竞赛，吸引了众多飞行技术高校和理工类院校的积极参与。通过参与比赛，这些高校不仅展示了自己的教学水平和科研成果，还加强了与国内外同行的交流与合作，推动了航空教育事业的发展。

静心以明志，学高以致远。国家体育总局是承担模拟飞行项目的中国航协的立项主管单位。中国航协领跑模拟飞行行业20年，随着相关社会主体不断涌入，行业逐步繁荣，产业链也随之发展壮大。在市场规模扩大和产业聚集的同时，要求主管部门对项目发展目标和责任有更深刻的认识。根壮叶茂，厚积薄发。今天的模拟飞行在政策、技术、管理体系方面强基固本筑堡垒，凝心聚力担使命。基本功扎实，为的是本固枝荣、生机勃勃，模拟飞行的宗旨仍然是为人民服务。习近平总书记在党的二十大报告中共提及“人民”二字105次，提出“推进健康中国建设，把保障人民健康放在优先发展的战略位置，完善人民健康促进政策”，让人深切感受到中国共产党始终牢记“坚持人民至上、站稳人民立场、把握人民愿望”的初心和使命。模拟飞行将惠民生、暖民心、解民忧的责任与担当汇聚成一系列管理政策。2023年中国航空运动协会发布两项团体标准《模拟飞行技能等级划分与评定》和《模拟飞行场地规范》，并配合标准的落地实施发布了《全国模拟飞行管理办法》，对模拟飞行人员、器材、场地、科目、竞赛等全行业产业链进行系统化规范化管理，保障每一位喜爱和开始从事模拟飞行运动的个体能够快速获得学习所需的资源。

航管中心近些年四次随市场变化修订管理办法，出台人员、场地、器材等各项团体标准，贯彻体教融合，为中小学和大学在校内就能开展普惠性模拟飞行保驾护航，从根本上解决了供需矛盾，让学生在时间投入、学习效果、免费公益等各方面优于校外，让更多青少年平等享有“做飞行梦”的权利。同时，落实好竞赛公正评判这一国家事权。

储飞于民是国之重器，公平公正是储飞的地基工程。中国航协发挥平台功能，建成针对学习者的偏好、习惯、潜能等进行多维度采集分析的大数据，从客观上为学员提建议、出主意，全面刻画，提升教学效果。同时，实现了竞赛实时自动化评判，公开、公平、公正，保障参赛者权益。另一方面，共建社会化的训练中心，开启群众性模拟飞行体验活动和线上线下相结合的全民健身赛事活动，让航空体育的大发展为更多群众带来福祉。

模拟飞行本是运用于民用或军用职业飞行员的地面飞行训练，在二十世纪八九十年代，个人计算机、互联网的普及应用，使许多航空迷、飞行爱好者、军事迷等通过家中电脑、网上社群开展自我训练、互助分享等活动，迅速凝聚起大量爱好者，开创了网上联飞、网上飞行论坛等多种在线活动形式。模拟飞行项目在推动航空产业发展方面也发挥了重要作用。越来越多的企业和机构开始关注模拟飞行项目，将其视为培养航空人才、推动航空技术创新的重要途径。开创了高等教育体系校企合作，共同研发模拟飞行软件和设备，为航空产业的发展提供了有力的技术支持。随着我国通用航空的不断发展，模拟飞行是对民众进行航空启蒙最安全、经济、便捷的方式。大量例证说明，模拟飞行爱好者经过专业化培养，成为航空领域的从业者时，能够比其他人更快速进入工作状态，担任航空公司机长或通航公司总飞行师以及无人机科技创新等新兴的航空领域工作。模拟飞行运动不仅能培养未来的飞行员与无人机驾驶员，而且可以为飞行器设计与制造、航空工程等专业培养科研人才。模拟飞行项目将成为培养航空人才、推动航空技术创新的重要平台。

人人都有飞行梦，不论是否与升学、就业相关。这样的人群不分年龄和性别，没有国界。模拟飞行是一个全球流行的项目，世界大部分国家都有相关的协会或组织，在国际交流活动、大型航展的静态展厅以及互联网社群或视频网站上，始终活跃着模拟飞行的身影。在我国，无数孩子和家长打电话给中国航协咨询校外培训资源和参赛渠道等相关信息。当校园开设模拟飞行社团课时，学生们争相报名；当学校选拔参赛队时，总有落选的孩子哭鼻子……真正的热爱，是不需要理由的！如果让孩子们自己投票选择，模拟飞行一定是他们心中的最爱。是什么让一个项目生命力旺盛，几十年几代人始终保有热忱？是国家需要，还是选拔测试、学业、就业政策引领？都有，但不都是，让一个项目实现裂变发展的必然是兴趣。

中国航协在更远的未来将如何守护好人们心中的这份“真爱”？笔者认为，是用进入良性运营的培训机构联合体的服务，用质量上乘的专业用品，用公平公正、丰富多彩的赛事活动。而最终，赛事才是一切活动的黏合剂，因为只有赛事能产生竞争，而公平竞争的结果是制造挫折，失败与挫折即教育的契机，仿佛人生必然的经历一样。

目录

第一章 飞起来的准备

参与模拟飞行运动，
仿佛让你置身于一个全新的世界。

在虚拟的蓝天中，
驾驶着各种型号的飞行器，
感受着风驰电掣的速度与激情。

每一次起飞，
都是一次全新的挑战与探索，
每一次降落，
都是对技能的磨炼与提升。

在这个虚拟的世界里，你可以体验到飞行员的紧张与刺激，也可以感受到在天空中自由翱翔的惬意与畅快。通过模拟飞行，可以了解飞行的原理与技巧。除了技能的提升，模拟飞行运动还让你结识了许多志同道合的朋友，在一起分享飞行的乐趣，交流飞行的经验，互相鼓励与支持。这种团队合作与竞争的氛围，不仅让你收获了技能与友谊，更让你感受到了飞行的魅力与无限可能。相信在未来的日子里，你会继续投身于这项运动，不断挑战自我，追求更高的飞行境界。

一、参加模拟飞行运动要做的准备

1. 身体条件的要求

飞行员的身体要求极为严格，毕竟他们要承担的是高空飞行，在复杂环境中应对多重任务，任何一点微小的身体隐患都可能对飞行安全造成不可估量的影响。除了基础身高、体重等身体指标外，飞行员还需要具备优秀的视力。高空飞行中，飞行员需要长时间保持对仪表盘的关注，并随时准备应对各种突发情况，因此视力必须清晰、敏锐，不能有任何影响视觉的病症。

此外，飞行员的心肺功能也是重点考察的对象。在飞行过程中，飞行员需要长时间保持高度集中，并随时准备应对各种紧急情况，这要求他们具备出色的耐力和反应能力。因此，心肺功能必须强健，能够承受长时间的飞行压力。

同时，飞行员的骨骼和肌肉也需要符合特定的标准。在飞行过程中，飞行员需要承受各种复杂的飞行动作和姿势，如果骨骼和肌肉存在缺陷或不足，将会对飞行造成极大的安全隐患。

飞行对于飞行员的身体要求是非常严格的，每一个细节都不能忽视。只有通过全面而严格的体检，才能确保飞行员具备在复杂环境下进行长时间飞行的能力，为飞行安全提供坚实的保障。

模拟飞行是通过视觉、听觉、力感及过载模拟技术，构建虚拟的飞行场景，由仿真软件和硬件设备构成的实时仿真系统，进行飞行训练或评估的技术形式。因此对准备参与模拟飞行运动的人员没有身体条件的要求。

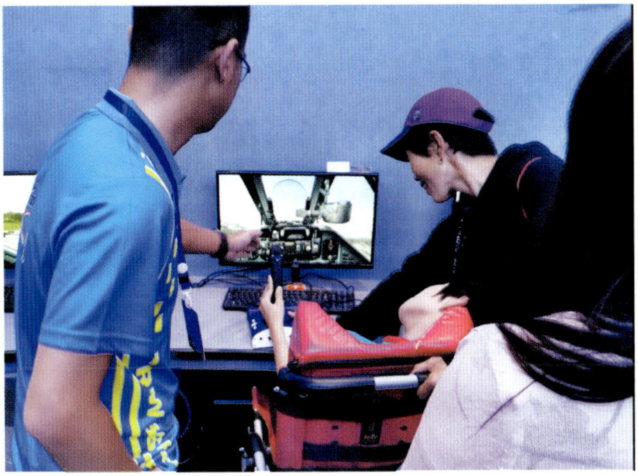

模拟飞行实操体验

2. 心理素质的要求

飞行对飞行员心理素质的要求极高，这不仅体现在飞行员的日常训练中，更贯穿于他们职业生涯的每一个阶段。心理素质优秀的飞行员能够在复杂多变的飞行环境中保持冷静、沉着，面对突发状况能够迅速作出正确的判断和应对。

首先，飞行员需要拥有强大的抗压能力。飞行任务往往伴随着高度的压力和风险，飞行员需要在保证飞行安全的前提下，完成各种复杂的飞行任务。因此，他们必须具备强大的抗压能力，能够在压力下保持清醒的头脑和稳定的情绪。

其次，飞行员需要具备出色的团队协作和沟通能力。飞行任务往往需要多人协作完成，飞行员需要与机组人员、地面指挥人员等多个角色进行有效的沟通和协作。因此，他们必须具备良好的沟通能力和团队协作精神，以确保飞行任务的顺利完成。

对于学习模拟飞行的人员则没有心理素质的要求，通过模拟飞行日常训练养成良好习惯，可以提高飞行人员的心理素质，像飞行员一样在日常生活工作中保持冷静、沉着、耐心，具备一定的抗压能力、沟通能力和团队协作精神。

3. 学习模拟飞行年龄的要求

根据模拟飞行项目的特点，模拟飞行项目适合全年龄段的人员参与，是全民性的项目，对于参与者没有年龄要求。

模拟飞行选拔赛

模拟飞行体验

4. 模拟飞行场地与设备要求

开展与学习模拟飞行项目只需要有普通电脑、飞行摇杆以及相应的软件，即可体验飞行的乐趣。

5. 学习模拟飞行对专业知识的要求

要成为一名模拟飞行员，必须具备简单的电脑软硬件知识和操作技能。这是因为模拟飞行大多依赖电脑和飞行模拟软件来实现。你需要了解如何安装和配置这些软件，以及如何利用它们来模拟真实的飞行环境。

二、开始第一次飞行

对于第一次飞行，你可能会感到既兴奋又紧张。在开始模拟飞行前，你可以通过阅读教程和观看视频等方式来了解模拟飞行的基本操作和注意事项。在飞行过程中，你可以先从简单的任务开始，逐步熟悉飞行的各个环节。记住，不要急于求成，要享受飞行的过程，并在实践中不断提升自己的技能。只要愿意投入时间和精力去学习和实践，你一定能够在这个领域取得进步和成就。

全国模拟飞行锦标赛比赛现场

现在就用《模拟飞行技能等级划分与评定》中的启蒙级科目开始第一次飞行吧！

让我们打开微软“模拟飞行 10”软件，执行红牛朗利特任务。红牛朗利特的任务分为任务模式和联网模式。作为刚接触这个项目的新人来说，我们推荐使用任务模式进行训练。在任务模式下飞行路径有一架拉白色烟雾的引导机作指引，默认飞行圈数为 8 圈，通过跟随引导机飞行，便于我们尽快熟悉飞行的路径。

在模拟飞行训练中，正确的坐姿对于飞行者来说至关重要，因为它直接关系到模拟飞行操作的效率与操控者的健康。

头部姿势：保持头部正直，避免过度倾斜或扭转，目视前方。

肩部姿势：保持肩部放松，水平放置，避免一肩高、一肩低的情况，这有助于维持身体的平衡和稳定。

背部姿势：保持背部挺直，这有助于保持良好的身体姿态，减少背部疼痛的风险。

腿部姿势：双脚基本与肩同宽，平放在地面上或脚舵上。

下面介绍任务模式下的红牛朗利特飞行方法。

（1）模拟飞行需要正确的坐姿。

（2）进入“FSX”程序。

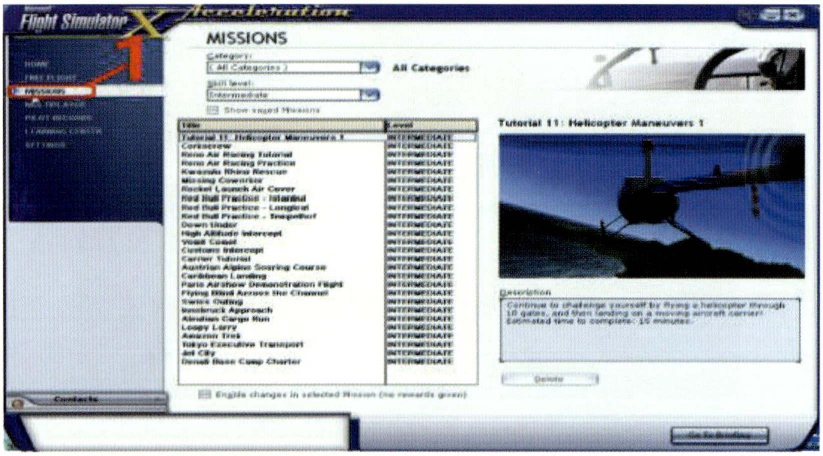

进入软件开始界面后点击任务飞行模式“Missions”

（3）在级别设置中选择中级模式。

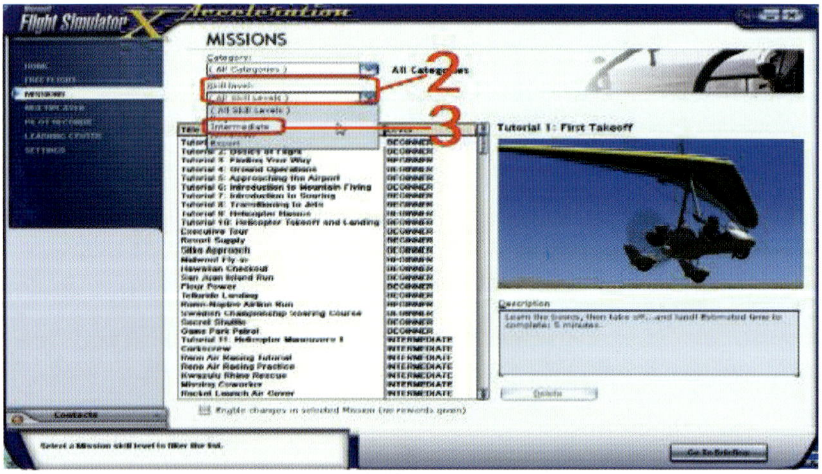

任务技术级别设置

（4）在中级任务模式下选择“红牛朗利特 Red Bull practice-Longleat”任务，并点击右下角进入任务简介。

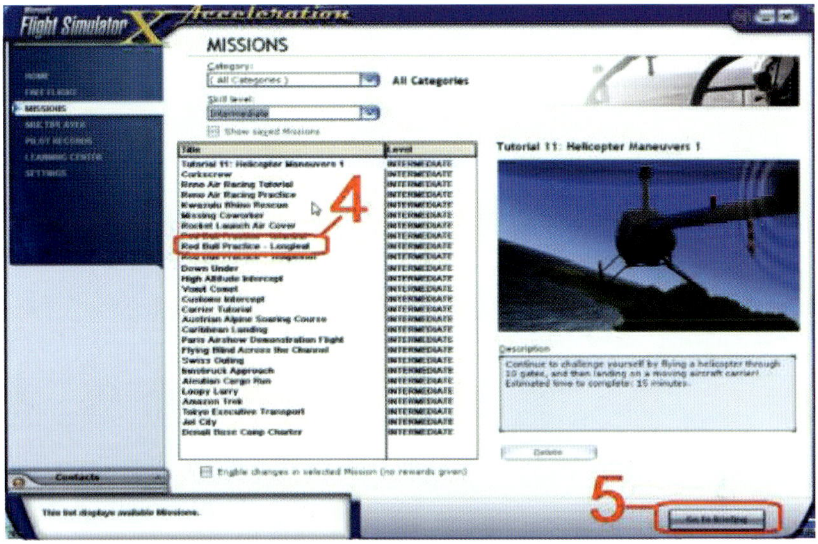

选择“红牛朗利特”任务

（5）按顺序依次浏览任务概述（OVERVIEW）、详细说明（DETAILS）、地图或航图（MAPS&CHARTS）三部分，然后就可以点击起飞按钮（Fly！）进入飞行任务了。

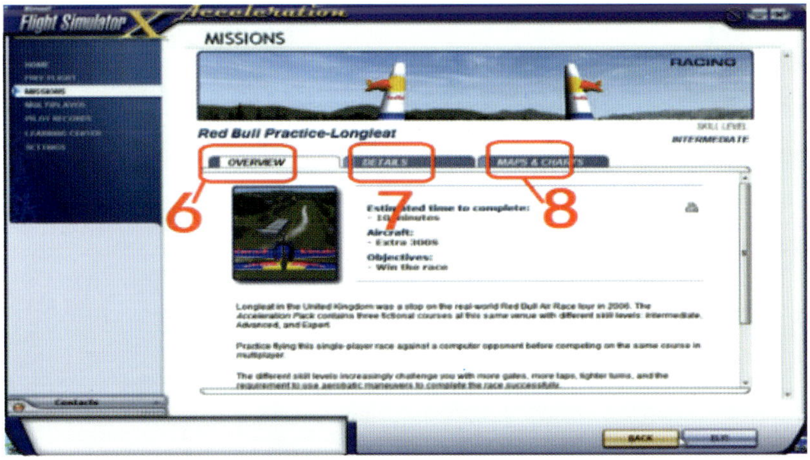

红牛朗利特任务简介

（6）红牛朗利特任务界面介绍：点击“Fly！” 开始飞行，进度条读取后进入任务界面。任务界面中，中间白框部分标识的是目标指示和引导飞机的位置。如果进入界面后没有出现如图所示的绿色指示图标，可以使用键盘上的“U”键调出这个功能。

红牛朗利特任务界面

（7）任务界面左上角功能有两部分，即简易导航指示和发动机状态的指示。其中简易导航指示信息包括：① 绿色箭头指示应飞方向；② 绿色带小圈的数字表示下一个要穿越的目标；③ 如果正确穿越目标数字变灰色，如果不正确穿越数字变成黄色，这时需要重新穿越这个目标，直到目标数字变成绿色才可以继续下面的任务；④ 氮气加速所使用的一氧化二氮的余量指示；⑤ 气缸头温度指示；⑥ 进气管压力指示；⑦ 发动机健康值指示。

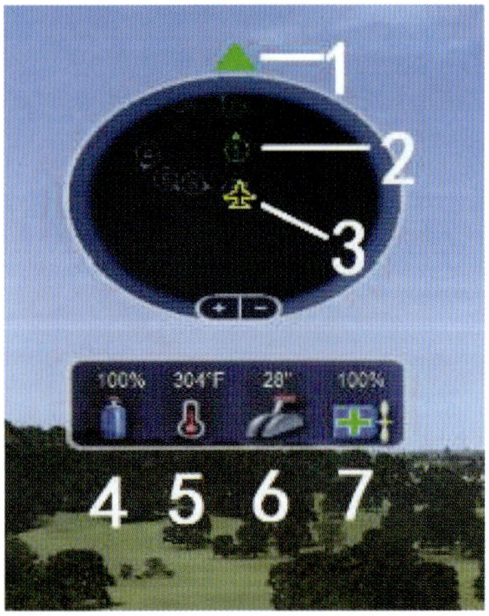

简易导航及发动机状态指示

（8）任务界面的右上角有飞行任务信息的提示。① 名次和圈数。因为这个是单机任务，所以名次是 1/1，如果是多人任务，此处会显示“选手位次/总人数”。② 完成时间统计。自上而下依次是总时间、当前圈数时间、前一圈时间和平均时间。

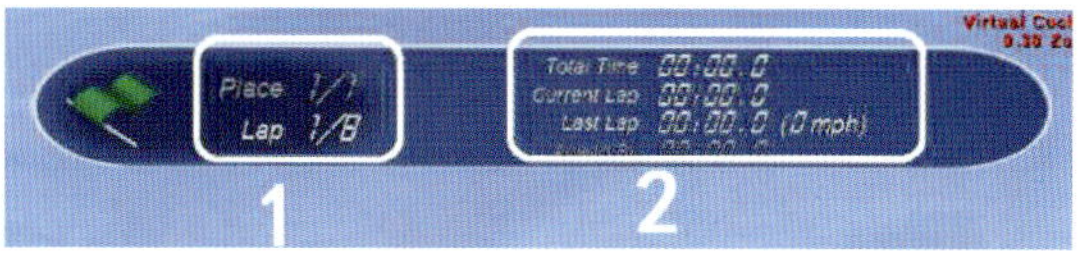

飞行任务信息

（9）任务开始时飞机便是位于空中的，按照引导飞机的指引先要进行一个俯冲动作，保证飞机从 1 号门的两个气柱之间通过，如果高度高于气柱则会被罚时 3 秒，如果不小心碰到了气柱则会被罚时 10 秒。

气柱位置

（10）俯冲结束后拉平机头，沿着地面上的小路直线飞行，通过 1 号门时开始计时。

1 号门位置

（11）直路的末端是 2 号门，通过该门后要做一个坡度很大的左转弯。

2 号门位置

（12）注意 2 号门的转弯处，要正确把握机头拉升位置，机头拉升稍晚会撞到树丛，拉升稍早则会撞到气柱。

2 号门转弯

（13）通过 2 号门后要注意飞机的路径，准确操控飞机从两个树丛中间穿过。这里需要体会摇杆的杆量变化对飞机姿态变化的影响。

通过 2 号门后飞机的姿态

（14）在飞越树丛时会见到 3 号气柱门的位置，此时机身可以稍稍回正，并做好左转弯的准备。

穿越 3 号门前飞机的姿态

（15）通过 3 号门后马上又有一个大坡度的左转弯。

穿越 3 号门

（16）3 号门转弯后会见到远处的 4 号门。这段时间可以调整一下飞机的姿态，为通过 4 号门之后的左转弯动作做准备。

4 号门位置

（17）穿越 4 号门后，帐篷右上方就是 5 号门位置，通过 5 号门后仍然有一个左转弯。注意控制飞机飞行姿态，尽量不要离气柱和帐篷太近。

5 号门位置

（18）5 号门到 6 号门路径比较平直，但是要小心控制飞机不要与树丛发生碰撞。

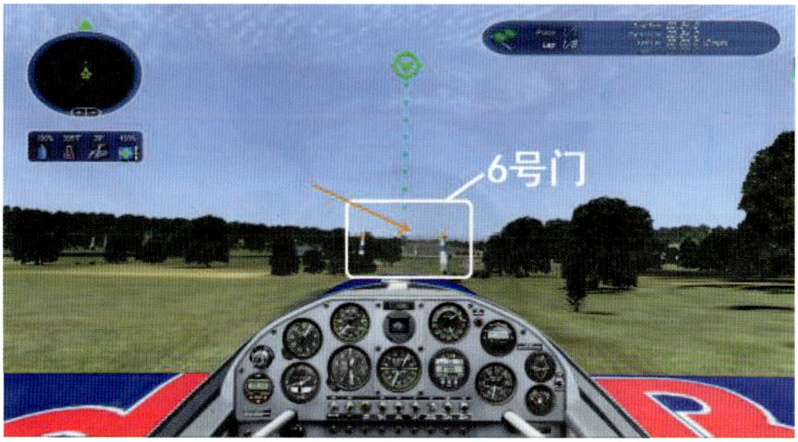

6 号门位置

（19）通过 7 号门后，马上会有一个 90° 的左转弯。此处路径选取要斟酌，操纵摇杆的推拉动作要果断。

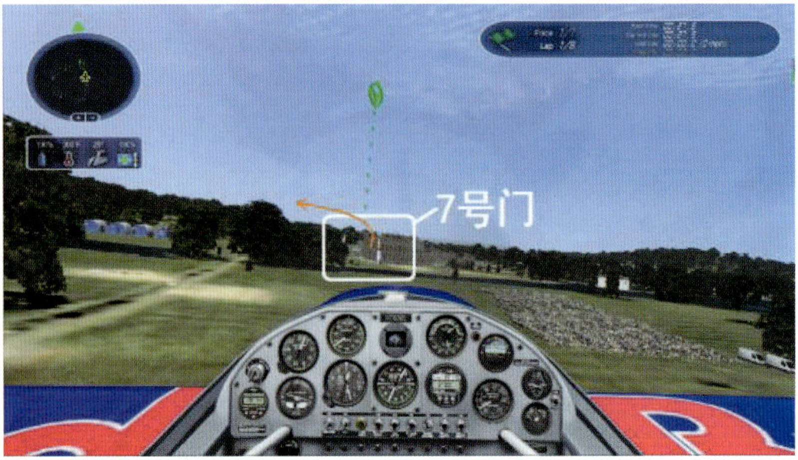

7 号门位置

（20）7 号门转过来后，1 号门就在眼前了。1 号门既是每圈的起点，也是终点。

每圈终点位置

（21）通过 1 号门后，右上角显示圈数的数字会增加，表示新的一圈计时已经开始。只需按照之前的技术要求继续飞行，直到飞完规定的圈数。

进入第二圈

第二章 喜欢的领域

航空是指人类利用飞行器进行的
交通运输活动，
分为民用航空、军用航空
和通用航空三个方面。

实现航空的基本条件包括具备空气
介质和克服航空器自身重力的升力，
同时大部分航空器还需具备推力。

一、航空的定义

1. 航空基本概念与简介

航空是指人类利用飞行器进行的交通运输活动，分为民用航空、军用航空和通用航空三个方面。实现航空的基本条件包括具备空气介质和克服航空器自身重力的升力，同时大部分航空器还需具备推力。

航空器的多样性体现在种类、结构、驾驶维护以及航空运输等多个方面。航空器包括固定翼飞机、旋翼飞机、直升机等不同类型，每一种都具有独特的适用场景。航空器的基本构成部分包括机翼、机身、发动机、起落架等，这些部分的结构和功能直接影响航空器的性能和飞行特点。驾驶航空器需要接受专业的培训，以掌握航空器的操作技能和安全知识，确保航班的安全。同时，航空器的维护和检修工作是必不可少的，通过定期维护，可以保证航空器的性能安全，并延长其使用寿命。航空运输分客运和货运两种，它为人类生产、生活提供了便捷、快速的交通服务，推动了全球经济和文化的发展。航空运输的发展不仅促进了人类社会的互联互通，也在国际关系、商业贸易等领域发挥了重要作用。

航空领域基础概念

	名称	作用
飞行器类型	飞机（Aircraft）	主要由机翼和发动机组成，通过机翼产生的升力来支持飞行
	直升机（Helicopter）	通过旋翼产生升力，并能够垂直起降
	无人机（Unmanned Aerial Vehicle，UAV）	没有人搭乘的飞行器，通过遥控或预定路线进行飞行
航空器构造	机翼（Wing）	产生升力的部分，使飞机能够在空中飞行
	发动机（Engine）	提供推力，推动飞机前进
	尾翼（Tail）	控制飞机的姿态，包括升降和偏航
飞行原理	升力（Lift）	由机翼产生，使飞机克服重力并在空中飞行
	推力（Thrust）	由发动机提供，推动飞机前进
	阻力（Drag）	空气对飞机运动方向的阻碍

续表

	名称	作用
飞行控制	副翼（Aileron）	用于控制飞机的横滚运动
	升降舵（Elevator）	用于控制飞机的俯仰运动
	方向舵（Rudder）	用于控制飞机的偏航运动
导航和通信	导航系统	包括 GPS（全球定位系统）等，用于确定飞机的位置
	通信系统	用于飞行员与地面控制台、其他飞机之间的通信
空中交通管理	空中交通管制（ATC）	负责协调和监控空中交通，确保飞行器安全地飞行
	航空器识别码	每架飞机都有独特的识别码，用于在空中交通中辨识
安全标准和规定	国际民航组织（ICAO）	负责制定国际民航规定和标准
	民航局（Civil Aviation Authority，CAA）	国家级机构，负责管理本国的民用航空活动
航空术语	起飞（Takeoff）	飞机离开地面，进入空中飞行状态
	着陆（Landing）	飞机从空中降落到地面
	巡航（Cruise）	飞机在巡航高度和速度上平稳飞行的阶段

在当代社会，航空业扮演着至关重要的角色，成为连接世界各地的重要纽带，极大地促进了贸易、旅游和科技的发展。航空的快速、高效特性使得人们能够在短时间内跨越长距离，实现了全球范围内的紧密联系。然而，航空业也面临着一系列挑战，其中安全性是最为关键的问题之一。保障乘客和机组人员的安全一直是航空业发展的首要任务，不断采取先进的技术和严格的安全标准来应对潜在的飞行风险。另一方面，环境的可持续性是当前航空业亟待解决的问题。航空业的发展与燃料的大量消耗以及二氧化碳的排放密切相关，因此必须寻求更环保、低碳的航空运输方式，推动绿色技术的研发和应用，以减缓对环境的不利影响。技术创新也是航空业发展中的重要驱动力。新一代飞机、

航空电子设备和空中交通管理系统的不断更新换代，推动着航空业不断适应和引领科技发展的潮流。面对日新月异的技术挑战，航空业必须不断进行研发和改进，以提高效率、降低成本，确保更加安全可靠的飞行。

总体而言，航空在连接全球、促进经济和科技发展的同时，也需要面对和解决诸多复杂的问题，为未来可持续、安全、创新的航空业发展做出不懈的努力。

2. 航空的分类

航空器可以按照多个不同的标准进行分类。

(1) 按飞行器类型分类

① 固定翼飞机（Fixed-Wing Aircraft）：主要依靠机翼产生升力的飞行器。这包括大多数商用飞机、军用飞机和私人飞机。它们在起飞时通过引擎提供的推力和机翼产生的升力脱离地面，飞行过程中通过控制机身姿态来操纵。商用客机（如波音 737、空客 A320）、军用飞机（如 F-16 战斗机）。

空客 A320

F-16 战斗机

② 旋翼飞机（Rotorcraft）：主要包括直升机（如 UH-60 黑鹰直升机）、倾转旋翼飞机（如 V-22 鱼鹰）等，其通过旋翼产生升力和推力。直升机可以垂直起降，悬停在空中，适用于需要灵活机动的任务，如救援、运输、军事。

UH-60 黑鹰直升机

V-22 鱼鹰

③ 飞艇（Airship）：一种通过携带气体（通常是氢气或其他轻型气体）产生浮力的飞行器。传统飞艇有刚性结构（如齐柏林飞艇）和非刚性飞艇（如热气球）。飞艇在历史上用于旅行、科学研究和军事监视。

齐柏林飞艇

热气球

（2）按照用途分类

① 商业航空（Commercial Aviation）：包括定期航班、包机和货运。定期航班服务乘客，包机为特定需求提供飞行服务，货运航空负责运输货物。商业航空产业包括航空公司、机场、地勤服务等。

货运飞机

② 军事航空（Military Aviation）：多用于国防目的，包括战斗机、轰炸机、运输机、侦察机等。军用飞机具备战斗能力，可执行多种任务，如空中打击、侦察、空中加油。

③ 通用航空（General Aviation）：包括私人飞机、培训飞机、商务飞机等，不涉及商业或军事任务。通用航空服务于个人和小型企业，用途包括私人旅行、飞行培训、医疗救援等。

（3）按飞行高度分类

① 低空飞行（Low-level Flight）：一般在地面至大约 10 000 英尺（约 3 048 米）的高度范围内进行。此类飞行适用于军事低空飞行、近距离任务以及一些民用直升机操作。

② 高空飞行（High-level Flight）：主要是在 10 000 英尺以上的高空进行的巡航。大多数商业和军用航班在巡航阶段会达到较高的飞行高度。

（4）按飞行性质分类

① 有人飞行（Manned Aviation）：指需要操控飞行器的飞行，包括传统的有人飞机和直升机。飞行员负责操控和决策，确保飞行安全。

② 无人飞行（Unmanned Aviation）：指使用遥控或自主飞行系统的飞行器，例如无人机。这些飞行器可以执行各种任务，包括监测、侦察、科学研究等，无需人员直接操控。

（5）按航程分类

① 长程航空（Long-Haul Aviation）：涉及长途飞行，通常跨越国际或洲际距离。这类航空主要包括大型商业航班和长程军事任务。

② 短程航空（Short-Haul Aviation）：涉及相对较短的飞行距离，通常在国内范围内。这类航空主要包括短途商业航班、地区性军事任务等。

（6）按制造技术分类

① 传统航空（Conventional Aviation）：使用燃油动力系统和传统飞行控制技术，是目前主流的航空技术体系。

② 新兴航空技术（Emerging Aviation Technologies）：包括电动飞行器、无人飞行器、新材料应用等。这些技术可以提高能源效率。

二、航空飞行器

1. 航空飞行器介绍

航空飞行器是指在大气层内进行飞行的飞行器。根据飞行原理的不同，航空飞行器可以分为两大类：空气静力飞行器和空气动力飞行器。空气静力飞行器，也被称为轻于空气的航空器，主要依赖空气的静浮力来实现升空飞行，包括气球和飞艇；空气动力飞行器，也被称为重于空气的航空器，主要依赖飞行器与空气相对运动所产生的空气动力来升空飞行，包括飞机、直升机、滑翔机、旋翼机和地效飞行器等。

空气静力飞行器，是通过操控浮力来实现飞行器的升降。其中气球利用充填轻气体使得平均密度小于空气，从而飘浮在空中；飞艇则通过充填氢气或氦气，并配备发动机和螺旋桨来控制飞行方向。

空气动力飞行器则根据不同的设计和机制，如飞机通过机翼产生升力、直升机通过旋翼产生升力、滑翔机通过滑翔运动升空、旋翼机通过旋翼产生升力和推进力、地效飞行器通过地面效应接近地面飞行等方式实现飞行。这些航空器以其独特的飞行原理和设计特点，为人类提供了多样化的飞行工具和技术应用。

2. 航空飞行器发展简史

从 18 世纪至今，航空飞行器的发展经历了漫长的历史，在不断尝试与探索中为全球交流、商业、军事和科学研究提供了巨大的推动力。

（1）早期概念和尝试

18 世纪末，法国蒸汽工程师约瑟夫 – 米歇尔·蒙戈尔菲埃（Joseph-Michel Montgolfier）和雅克 – 艾蒂安·蒙戈尔菲埃（Jacques-Étienne Montgolfier）兄弟于 1783 年发明了热气球。热气球原理基于一个简单而有效的观察：当空气被加热时，它会膨胀。因此，蒙戈尔菲埃兄弟创建了一个巨大的气球，内部充满了温暖的空气，使其比周围冷空气轻，从而产生浮力。1783 年 6 月 4 日，他们在法国安冈进行了第一次公开演示。这个热气球由绸缎和亚麻布制成，高度约为 26 米。气球中的热气被由火炉产生的热气体加热，使得气球成功地升空。这标志着人类历史上第一次成功地被控制的飞行。

热气球的发明为飞行的理念奠定了基础，同时也在后来的飞行器设计和发展中产生了深远的影响。

热气球飞行

（2）早期飞行器的发明

19 世纪是飞行器设计和概念的时代，德国工程师和滑翔飞行家奥托·李林塔尔（Otto Lilienthal）提出了“滑翔飞行”的概念，并通过多次滑翔实验积累了飞行方面的重要经验。虽然他没有制造飞机，但他的工作为后来的飞行器设计和飞行器的发展提供了重要的启示。

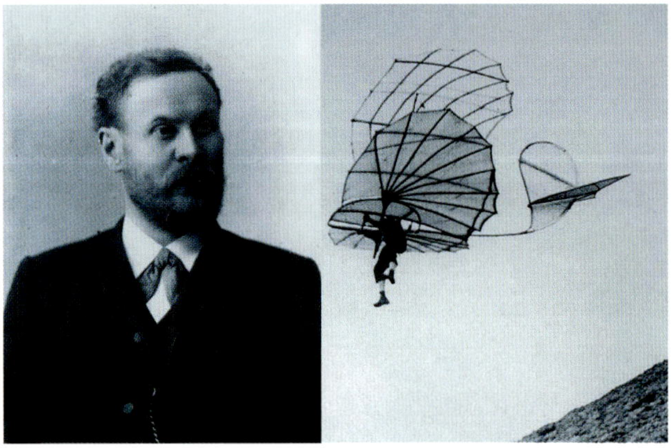

奥托·李林塔尔和他的飞行器

1906 年 11 月，阿尔贝托·桑托斯·杜蒙（Alberto Santos-Dumont）的 14-bis 号飞机在法国巴黎的布洛涅森林中成功地完成了首次由一个航空器进行的公开飞行。这次飞行超过了巴黎航空俱乐部所设定的距离标准，被认为是人类历史上第一次公开成功的有人飞行。

（3）莱特兄弟的飞行

1903 年，莱特兄弟威尔伯·莱特（Wilbur Wright）和奥维尔·莱特（Orville Wright）在北卡罗来纳州基尔迪尔山进行了世界上第一次成功的有人动力飞行。

他们的飞行器是一架名为“飞行器 1 号”（Wright Flyer）的双翼飞机，由一台由他们自己设计和制造的内燃发动机驱动。在 1903 年 12 月 17 日的历史性时刻，奥维尔·莱特操纵着飞机，成功地进行了一系列短暂但关键的飞行。第一次飞行只持续了 12 秒，飞行距离为 120 英尺（约 36.6 米），但这标志着人类历史上第一次由有人驾驶的动力飞机进行的成功飞行。

莱特兄弟试飞

这次飞行是飞行历史上的一次重大突破，开创了现代航空的时代。莱特兄弟的贡献对于飞行器技术和航空工业的发展产生了深远的影响。每年的 12 月 17 日也被定为“国际民用航空日”来纪念这一历史性时刻。

（4）第一次世界大战和飞行的军事应用

① 侦察：飞机被广泛用于侦察和情报收集。飞行员通过空中观察，能够快速收集敌方军队和阵地的情报，为地面军队提供重要的信息。

② 空中战斗：随着飞机性能的提高，空中战斗成为一种重要的军事手段。战斗机的出现使得双方在空中进行了激烈的对抗，被称为空中“飞行员之间的骑士战斗”。

③ 轰炸：随着飞机的发展，双方开始使用飞机进行对敌方城市、军事基地和工业设施的轰炸。这标志着空中轰炸的时代的开始。

④ 战略运输：飞机还被用于运输军队和物资。飞行员通过空投方式向前线运送补给和增援。

这些应用推动了飞机技术的发展，包括引擎、机翼设计和飞行控制系统。第一次世界大战后，对军用飞机的经验和技术成果为民用航空的兴起提供了基础，也促使了飞机工业的进一步发展。

（5）民航的兴起

① 战后转型：第一次世界大战后，许多军用飞机技术和飞行员回到平民生活。这些技术和人才的回流为民用航空提供了基础。

② 战机改装：大战中使用的一些军用飞机被改装为民用飞机。这些改装的飞机开始用于运输、邮政和客运。

③ 航空技术的进步：战争时期的技术进步促使了飞机技术的发展。新一代的飞机具有更好的性能、舒适性和安全性，使得飞行变得更加可靠和经济。

④ 邮政飞行：一些国家开始使用飞机进行邮政运输。飞机的速度和效率优势使得快速的航空邮政服务成为可能。

⑤ 航空公司的建立：1920 年代，一些先驱性的航空公司开始成立，提供旅客和货物运输服务。这些公司在美国和欧洲迅速发展，奠定了航空业的基础。

⑥ 民航法规的制定：各国制定了一系列法规和标准来管理民航业。这些法规包括飞行安全、机场管理、飞行员许可等方面的规定，确保了民航的可靠性和安全性。

⑦ 邮政飞机和飞机旅行的推动：邮政航线和飞机旅行的需求推动了飞机的技术和运营的进一步发展，促使了飞机的进一步商业化。

⑧ 国际航线的开通：随着飞机性能的提高，越来越多的国际航线被开通，连接世界各地，推动了国际旅行和贸易的发展。

以上因素共同促成了 20 世纪中期以来民航业的蓬勃发展。从最初的小规模运营到现在的全球性行业，民航业已经成为连接世界各地的不可或缺的交通工具，为人们提供了快速、便捷的出行方式。

（6）第二次世界大战

1939—1945 年，第二次世界大战是飞机在军事应用上发挥关键作用的时期，各国在这场战争中广泛使用各种类型的军用飞机。

① 战斗机（Fighter Aircraft）：用于空中对抗，保护轰炸机和执行空中优势任务。

② 轰炸机（Bomber Aircraft）：用于对敌方城市、军事基地和工业设施进行轰炸。

德国 Messerschmitt Bf 109

英国 Supermarine Spitfire

美国的 P-51 Mustang

③ 侦察机（Reconnaissance Aircraft）：用于收集情报和监视敌方活动。

德国的 Junkers Ju 88

英国的 Avro Lancaster

美国的 B-17 Flying Fortress

④ 运输机（Transport Aircraft）：运输军队、物资和伤员。

德国的 Fieseler Fi 156 Storch

美国的 P-38 Lightning

⑤ 鱼雷轰炸机（Torpedo Bomber）：用于攻击敌舰队，投放鱼雷。

德国的 Junkers Ju 52

美国的 C-47 Skytrain

⑥ 喷气飞机（Jet Aircraft）：在战争后期引入，提供更高的速度和性能。

德国的 Junkers Ju 87 Stuka

美国的 TBD Devastator

这些飞机在第二次世界大战中发挥了关键作用，对军事战争和战略产生了深远的影响。飞机的技术进步和广泛应用为军事航空领域的发展奠定了基础，同时也对民用航空产业产生了一定的影响。

（7）喷气时代的开始

20 世纪 40 年代末期是喷气引擎的发明和应用进入军用和民用飞机领域的关键时期。这一创新极大地提高了飞机的速度、性能和效率，开创了喷气时代。

① 喷气引擎的发明：德国的汉斯·冯·奥汀（Hans von Ohain）和英国的弗兰克·惠特尔（Frank Whittle）是分别在 1930 年代末期独立发明了喷气引擎的先驱者。他们的工作奠定了现代喷气引擎的基础。

② 首次飞行：德国的 Messerschmitt Me 262 于 1942 年首次飞行，成为世界上第一种投入实战的喷气战斗机。它在速度和高度上明显超越了当时的螺旋桨飞机。

③ 英国的喷气飞机：英国的 Gloster Meteor 于 1944 年投入使用，成为英国皇家空军的第一款喷气战斗机。它在二战后期对抗德国的 Me 262 起到了一定作用。

④ 美国的喷气战斗机：美国的 P-80 Shooting Star 于 1945 年投入使用，成为美国空军的第一款喷气战斗机。这标志着美国也进入了喷气时代。

⑤ 民用航空的影响：喷气时代的到来对民用航空产业产生了深远影响。喷气飞机的速度和效率提高使得长途飞行变得更加迅速和经济。

喷气引擎的引入使得飞机性能大幅提高，飞行速度大大增加，成为航空工业和军事战略发展的里程碑。喷气飞机的使用在随后的几十年里逐渐取代了传统的螺旋桨飞机，成为现代航空领域的主导技术。

1950 年代标志着喷气客机开始投入商业运营，这一时期被认为是喷气时代在民用航空领域的开端。

德·哈维兰 Comet（de Havilland Comet）：1952 年，英国的德·哈维兰 Comet 成为世界上第一款商业运营的喷气客机。然而，早期的 Comet 飞机在设计上存在缺陷，导致了几起事故，最终推动了改进和发展。

波音 707（Boeing 707）：1958 年，波音公司推出了 707，这是一款先进的长程喷气客机。Boeing 707 的成功推动了喷气时代的发展，并成为全球范围内最受欢迎的喷气客机之一。

道格拉斯 DC-8：1959 年，道格拉斯公司推出了 DC-8，这是另一款竞争波音 707 的喷气客机。DC-8 也成为当时一些主要航空公司的选择。

康维尔 CV880 和 CV990：美国康维尔公司在 1950 年代和 1960 年代推出了 CV-80 和 CV-990，这两款喷气客机尽管没有像波音 707 那样取得巨大成功，但仍然为民用航空提供了多样化的选择。

这些喷气客机的投入使用使得航空旅行变得更加迅速、舒适和经济，促使了全球民用航空业的进一步发展。喷气客机的出现加速了航空业的国际化和航线网络的扩张，使得更多人能够享受到快速、便捷的飞行服务。

（8）航天时代的开启

1957 年 10 月 4 日，苏联成功发射了世界上第一颗人造卫星——斯普尼克 1 号，标志着航天时代的开始。斯普尼克 1 号是一个球形的卫星，直径为 58 厘米，重约 83.6 公斤。它由四根天线和无线电发射设备组成。由 R-7 型运载火箭发射是世界上第一种成功的洲际弹道导弹。该火箭后来演变成了苏联的著名运载火箭系列。斯普尼克 1 号进入了近地轨道，每小时绕地球一次，从而实现了历史上第一个人造卫星的成功发射。斯普尼克 1 号以 1.4 兆赫兹 / 秒的频率发射了无线电信号，可被地面站接收，成为当时全球范围内的独特标志。这一事件引发了“太空竞赛”（Space Race）的开始，成为美苏两个超级大国在太空领域的竞争的第一步。斯普尼克 1 号的发射具有重要的历史意义，不仅在科学领域产生了深远影响，也在冷战时期的地缘政治竞争中扮演了关键的角色。

1961 年 4 月 12 日，苏联宇航员尤里·加加林于乘坐“东方一号”（Vostok 1）宇宙飞船进行了历史性的太空飞行。这次飞行将他带入近地轨道绕地球一圈，持续约 108 分钟。这标志着人类历史上第一次成功进入太空，对以后的太空探索产生了深远的影响。尤里 · 加加林的成就成为苏联太空计划的里程碑，也标志着太空时代的开始。他的名字至今仍然与太空探险的荣耀紧密相连。

（9）民航业的全球扩张

20 世纪 70 ~ 80 年代，民航业经历了快速的扩张和发展，其中一些关键因素包括宽体客机的引入和长途航班的增加。

20 世纪 70 年代，宽体客机开始成为主要的长途飞行工具。代表性的宽体客机包括波音 747、麦道 DC-10 和洛克希德 L-1011 三款飞机。波音 747 的引入标志着大型机型的时代，它成为世界上第一款商用的宽体喷气客机。随着宽体客机的引入，长途航班变得更加普遍。航空公司能够提供更大的运载能力，使得跨洲际和跨大洋的航班变得更加经济实惠。

1978 年，美国实施了《航空业解放与竞争法案》（Airline Deregulation Act），取消了对航空业的严格管制，促使了竞争的加剧和航空公司的多元化。这导致了全球航空业的国际化趋势。随着宽体客机的普及，空中交通迅速增长。这一时期见证了许多新航空公司的兴起，以及全球航班数量和航空运输业务的快速增加。

20 世纪 80 年代，航空技术得到了显著改进，包括先进的航空电子系统、涡轮风扇发动机的引入以及更高效的航空材料。这些技术创新提高了飞机的燃油效率和性能。

总体而言，这一时期的发展为航空业带来了全新的变革，促进了全球旅行的便利性和可及性，同时也推动了航空科技的进步。

进入 21 世纪后，航空业经历了一系列重要的发展，其中包括新一代喷气客机的推出。两个最显著的代表就是波音 787 梦幻飞机（Boeing 787 Dreamliner）和空中客车 A350。波音 787 Dreamliner 是一款宽体客机，于 2011 年首次投入商业运营。它是一款全新设计的飞机，采用了先进的材料和技术，包括碳纤维复合材料的广泛应用、更高效的发动机和先进的航空电子系统。这些创新使得 Dreamliner 具有更高的燃油效率、更长的航程和更舒适的客舱。

空中客车 A350 于 2013 年首次交付，是一款宽体双通道飞机。A350 采用了类似的先进材料和技术，包括碳纤维增强复合材料，以提高飞机的性能和效率。A350 的设计旨在提供更低的运营成本、更高的燃油效率以及更舒适的乘坐体验。这两款飞机的推出反映了航空业对更环保、更经济和更先进技术的不断追求。它们在设计上注重乘客的舒适性，同时提高了航空公司的运营效率。新一代的喷气客机在推动航空业发展的同时，也为全球航空旅行带来了更为先进和可持续的解决方案。

（10）无人飞行器和新技术

21 世纪初，航空领域经历了一系列令人瞩目的发展，其中包括无人飞行器（无人机）的广泛应用以及新技术的不断发展。

无人飞行器，通常被称为无人机（UAV）或无人飞机系统（UAS），在 21 世纪初开始得到广泛应用。无人机具有多样的应用领域，包括军事侦察、航拍、农业监测、灾害响应、科学研究等。它们的引入改变了传统航空的模式，为各种行业提供了新的工具和解决方案。

随着电池技术的进步，电动飞机变得更为可行。一些小型飞行器和实验性飞机采用电池作为动力源，推动了电动飞机技术的发展。在 21 世纪初，一些公司和研究机构开始研发下一代超音速飞行器。这些飞机的设计旨在实现更快的飞行速度，缩短飞行时间，同时解决传统超音速飞行带来的噪音和燃油效率等问题。新兴的空中交通服务和空中出租公司提出了使用垂直起降和电动飞行器的创新概念。这些服务的目标是在城市之间提供更快速和高效的交通方式。

随着计算机技术和人工智能的发展，航空业逐渐实现数字化和自动化。飞行控制系统、航空器维护和航空交通管制等领域引入了先进的数字技术，提高了安全性和效率。这些新兴技术和趋势为航空业带来了巨大的变革，推动了飞行器设计和运营方式的创新。随着科技的不断进步，未来的航空领域可能会继续涌现出更多的创新和发展。航空飞行器的发展历程是一部创新与技术进步的历史，见证了人类对空中领域的探索和征服。从最早的滑翔机到现代高科技飞行器，航空科技的发展为全球的交流、商业、军事和科学研究提供了巨大的推动力。

3. 航空飞行器的主要种类和用途

航空飞行器是一种能够在大气层内飞行的载人或无人飞行的交通工具。航空器可以根据不同的原则来分类，有的根据飞行器的活动范围、使用条件分类，也有的根据飞行器的外形特征、产生升力的原理以及用途来分类。

（1）按用途分类

航空活动分为军用航空、民用航空和通用航空。军用航空泛指用于军事目的的一切航空活动。主要包括作战、侦察、运输、警戒、训练以及科学研究等；民用航空泛指为国民经济服务的非军事性飞行活动。根据飞行任务不同，民用航空又分为商用航空和通用航空两大类商用航空指在国内和国际航线上的商业性客、货（邮）运输，主要由客机、货机或客货两用机完成；通用航空指用于公务，农、林、牧、副、渔业，地质勘测，公安，气象，环保，救护，体育，观光游览等的飞行活动，主要由商业飞机以外的民用飞机和直升机完成。

飞机根据不同用途可分为军用飞机、民用飞机和通用飞机。军用飞机包括歼击机强击机、截击机、轰炸机、军用运输机、军用教练机、侦察机、预警机、反潜机、电子战飞机、空中加油机等；民用飞机包括客机、货机、农林飞机、公务机、巡逻救护机、体育运动机、轻型多用途飞机等。研究机也叫试验机，为新型机种而研制的试验机，可以看成一类特殊的飞机。

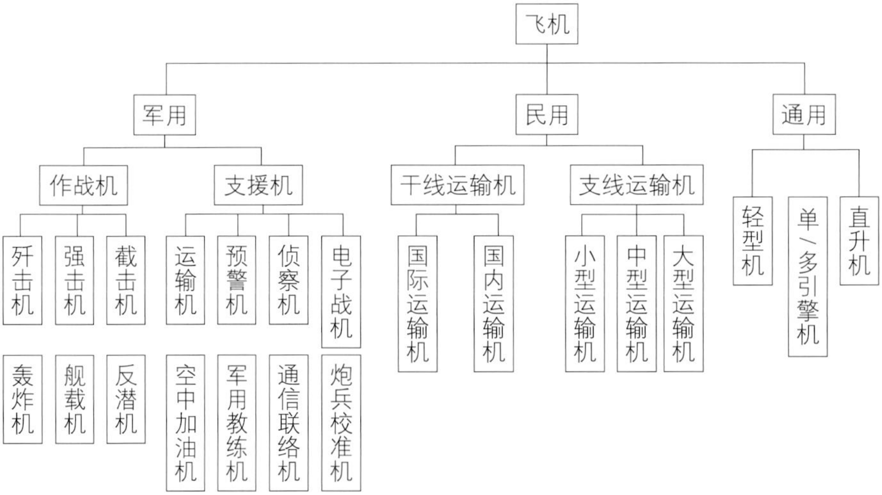

飞机按用途分类

直升机也可按用途分为军用直升机和民用直升机。军用直升机分为武装直升机、运输直升机和战斗勤务直升机。民用直升机分为通用运输直升机、旅客运输直升机、公共服务直升机、特种直升机、起重直升机和教练直升机等。

① 军用飞机：歼击机，也称战斗机，装有机关炮、火箭和导弹等攻击武器。这种飞机体积小，机体坚固，飞行速度快，飞机的活动灵活，武器威力大。

军用飞机

早期的歼击机分工较为细致，包括前线歼击机、拦截歼击机、护航歼击机和歼击轰炸机等不同类型。然而，目前的战斗机通常被设计为多用途歼击机。多用途这一概念指的是同一架飞机能够执行多种任务，既可进行空中截击，也能执行对地攻击任务。为了实现这种灵活性，基本型飞机的设计允许在不改变整体结构的情况下，通过更改装备或进行局部结构调整，形成多种不同用途的派生型歼击机。这种方法极大地节约了研制成本，使得战斗机在不同任务场景下都能够发挥出色的性能。

轰炸机的主要任务是对敌方军事力量和装备进行轰炸，包括机场、舰队、坦克、炮群等目标，或者攻击敌方的战略中心，如军事、工业和交通中心。根据获弹量的不同，轰炸机可分为重型、中型和轻型三种；而按照战术性能，则分为战略轰炸机和战术轰炸机两类。

战略轰炸机的主要任务是深入敌人后方，轰炸其军事基地、交通枢纽和经济中心。其主要特点包括航程远、速度高、载弹量大。相比之下，战术轰炸机，也被称为轻型轰炸机，主要用于协同地面部队，轰炸敌方供应线、前线阵地以及各种活动目标。这类飞机在灵活性和机动性方面更为突出，适用于紧密配合地面行动的战术任务。

强击机，又称攻击机，主要任务是从低空或超低空对地面或水上目标进行攻击，包括有生力量、防御据点、指挥机构、炮兵阵地、交通枢纽、桥梁等，尤其是对机动部队如坦克、装甲车辆和骑兵等进行精确打击。此外，强击机还可携带鱼雷，用于攻击敌方舰艇。为完成这些任务，强击机需具备卓越的低空飞行性能、强大的对地攻击火力以及适当的装甲，以确保飞行员、发动机和油箱的安全。

军用运输机主要用于运输兵员、武器装备以及执行空投任务，如伞兵和辅重物资。其目的在于提高作战的机动性。按照载重量和航程的大小，军用运输机可以分为战略运输机和战术运输机。战略运输机具有远程航程和大载重量的特点，而战术运输机则以短程机动和小载重为主。这种分类满足了不同作战场景下的运输需求。

预警机，又称早期警戒机，是用于监视敌方飞机或导弹活动，以提升防空效能的飞机。通常，预警机并非专门设计，而是通过对运输机或轰炸机的改装而来。这类飞机的显著外观特征是机身背部装有一个尺寸较大的“塑料罩”，罩内安装有远距离搜索雷达的回转天线。相较于地面雷达，预警机具有更远的探测距离，并且相对不易受到攻击的优势。

以波音 707-320 运输机改装的 EC-137D 预警机为例，其预警距离可达 1 300 千米，而地面雷达由于存在盲区，仅有约 200 千米的预警距离。因此，假设敌方空袭飞机入侵，地面雷达只能在袭击前 6 分钟发现，而 EC-137D 则能在前 30 分钟实现预警。预警机不仅能够提供更早的警戒，还通过机载多种电子设备和电子计算机引导截击机进行有效对抗，起到了指挥部的关键作用。由此可见，在现代战略防御体系中，预警机的地位十分重要。

舰载机指可以在航母上起降的战斗机或预警机。

其他军用飞机包括侦察机、反潜机和军用教练机。侦察机的主要任务是获取敌方军事情报，如敌军调动、兵力布置以及后方交通和机场情况等。反潜机专门用于搜索和攻击敌方的潜水艇。而军用教练机则用于培训军用飞机飞行员，其机舱内设有学员和教员座椅，并分别配备两套飞机操纵系统和飞行仪表。

在军用教练机中，初级教练机主要用于训练学员掌握初级飞行技术。而中、高级教练机则用于训练学员掌握喷气飞机飞行技术，进行高级特技飞行，仪表飞行以及基本战术飞行训练。这种分级培训体系旨在逐步提升飞行员的技能水平，使其具备在不同飞行任务和场景下执行任务的能力。

② 民用飞机：分为商用飞机和通用飞机两大类。商用飞机主要包括用于国内和国际航线上的商业性客、货（邮）运输飞机，包括国内、国际干线客机、货机、客货两用机和国内支线（100座以下）运输机。

客机是专门用于运载旅客和邮件的飞机，根据航程的不同可分为国际、国内干线客机（100座以上）和国内支线客机（100座以下）。目前，世界上的干线客机主要由波音和空中客车两家公司生产。超声速客机方面，英法联合研制的“协和”飞机和俄罗斯的图 –144 飞机是目前仅有的两种，但它们已经停飞。

超声速客机

安 -225 运输机

货机是专门用来运货的飞机，除了与客机一样具备载运量和航程的要求外，还需考虑货物装卸的方便和货运的经济性。例如俄罗斯的安 –225 是目前世界上最大的运输机之一，最大起飞重量达到600吨，最大装载量为250吨，机背上甚至可以搭载一架“暴风雪号”航天飞机。

③ 通用飞机：涵盖了公务，工业，农、林、牧、副、渔业，地质勘测，遥感测绘，安全监测，气象观测，环境保护，救护，体育运动和游览观光等领域。主要的通用飞机种类包括公务机、农业机、林业机、轻型多用途飞机、巡逻救护机、体育运动机等。

研究机通常首先应用于军事目的，因此可以被视为一类特殊的军用飞机。在第二次世界大战后，为了研制性能更卓越的军用飞机，并解决航空科学中涌现的新问题，验证新技术的适用性，各国制造了一百多种研究机和试验机。这些飞机可以分为三类：第一类是新型飞机的试验型，通过试飞检验飞机的性能是否达到设计要求，并寻求改进飞机的措施。第二类是试验某项新技术在飞机上的应用效果，例如超临界机翼、增升机翼、喷气襟翼、变后掠机翼、涵道式尾翼、混合动力系统、超声速螺旋桨、气垫着陆系统等。这类飞机通常在已有的飞机基础上进行改装制造。其中，以研究短距 / 垂直起降的研究机数量最多。第三类是为了获取理论研究中的实验数据，如飞机进行超声速或高超声速飞行时的气动力加热、气动载荷，以及跨声速飞行时的稳定性和操纵性等。

全球最著名的研究机系列是美国的 X 系列研究机。X 系列起源于美国国家航空航天局（NASA，1958 年以前称为 NACA，即美国国家航空咨询委员会）和美国军方在第二次世界大战结束前夕开始的探索跨声速和超声速飞行奥秘的研究计划。X 系列研究机的代表作包括 X-1（世界上第一架突破音障的飞机）、X-5（变后掠翼研究机）、X-29（前掠翼先进技术验证机）和 X-47B（无人作战飞机）等。

直升机具备垂直起降、定点悬停、定点回转、前飞、后飞和侧飞等多重机动能力，成为固定翼飞机的极佳补充，其广泛的军用和民用价值凸显。

武装直升机是专门设计用于对地攻击作战和空中对抗的直升机。由于其出色的机动性、良好的隐蔽性、巨大的杀伤力和高度的生存力，武装直升机被誉为“飞行坦克”和“空中杀手”。

运输直升机主要承担战术运输任务，尤其是搭载作战部队，执行战术机动和空降作战任务。重型直升机具备装载大量作战人员和重型武器装备的能力，提供了强大的运输能力。

战斗勤务直升机则专注于侦察、通信、指挥等领域的任务，在战场上发挥着重要作用。这些直升机种类的多样性，使其在军用和民用领域都具备广泛的应用前景。

（2）按飞行原理分类

航空器根据产生升力的不同原理可分为空气静力飞行器和空气动力飞行器。由于它们的飞行原理各异，因此在外形上呈现千差百态的形态。有的航空器呈圆形，有的呈椭圆形；有的仿佛滑翔的大鸟，而有一些则像悬浮的蜻蜓；有的能够威风凌云，而有一些只能贴地飞行。

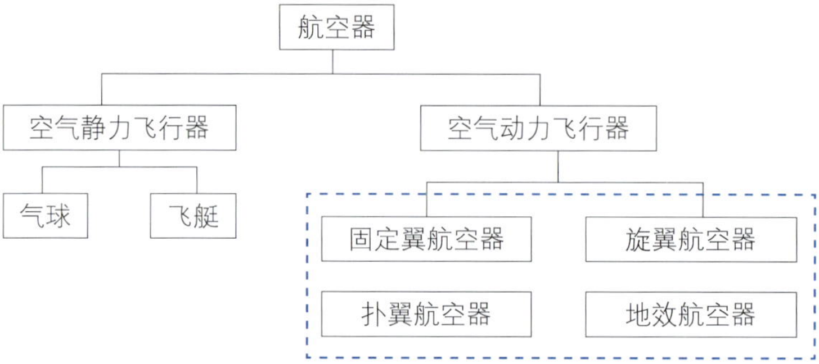

航空器按飞行原理分类

空气静力飞行器，也被称为轻于空气的航空器，其平均密度小于空气的密度，因此类似于软木塞在水中漂浮，受到空气的浮力，能够在空气中飘浮。随着高度的增加，由于空气密度的减小，这类航空器上升时其升力（浮力）也会随之减小，直至达到一定高度停止上升。空气静力飞行器根据是否具备动力系统分为气球和飞艇两种。

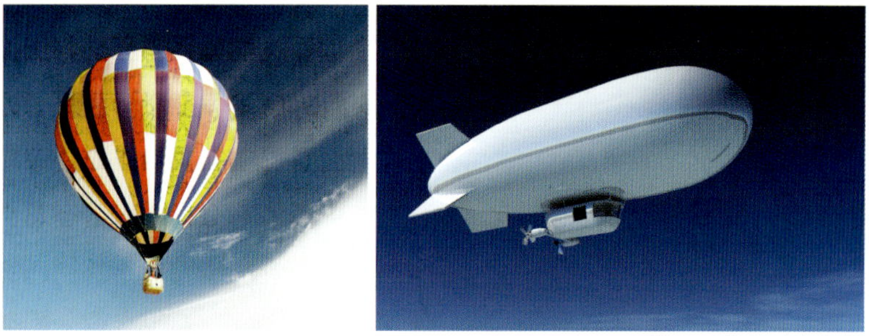

空气静力飞行器——气球与飞艇

气球是一种没有搭载动力系统的空气静力飞行器，其上部通常为一个圆形的气囊，充满了比空气密度小得多的气体，而下部则悬挂有装载人员和货物的吊篮。自由气球无法控制飞行方向，只能随风漂流，但升降的垂直方向可以通过操纵来实现。为了让气球上升，可以通过从吊篮中抛出一些重物（如沙袋），减轻气球的重量；而为了让气球下降，可以通过专门的阀门释放一些气体，减小浮力。根据充入气体的不同，气球可以分为使用氢气或氦气的冷气球，以及使用热空气的热气球。

飞艇，又称可操纵气球，宛如一艘空中飞船，能够在一定的的高度范围内按照规定的方向飞行。飞艇是一种具备安定面、方向舵和升降舵的流线型气球，同时配备有发动机，通过带动螺旋桨产生拉力来实现飞行。根据构造的不同，飞艇可分为软式、硬式和半硬式三种。

空气动力飞行器，又称重于空气的飞行器，通过与空气相对运动产生的空气动力来获得支持飞行器重量的升力。根据是否具备产生升力的翼面（机翼或旋翼），空气动力飞行器分为有翼航空器和无翼航空器。有翼航空器包括固定翼航空器（如飞机、滑翔机）、旋翼航空器（如直升机、旋翼机、倾转旋翼机）、扑翼飞行器和地效飞行器。

飞机

直升机

旋翼机

滑翔机

空气动力飞行器

飞机和滑翔机产生升力的翼面在飞行时相对于机身保持固定，因此被称为固定翼航空器。飞机是数量最庞大、应用最广泛的航空器。相对于有动力的飞机，滑翔机在飞行中无发动机支持，依赖机翼出色的性能实现长距离的滑翔，并且能够在上升气流中实现长时间的翱翔。带有发动机的滑翔机被称为动力滑翔机，不同于一般飞机，动力滑翔机的发动机仅在起飞时使用，在飞行过程中保持关闭状态。直升机和旋翼机产生升力的翼面在飞行时相对于机身是运动着的。虽然直升机和旋翼机在外形上相似，但其飞行原理存在明显差异。直升机的发动机直接带动旋翼旋转产生升力，使其能够实现垂直起飞和悬停。而旋翼机的发动机不直接带动旋翼，而是依赖前进时的相对气流吹动其旋转，犹如小时候玩的纸风车一样。旋翼机类似飞机，需要滑跑起飞，不能实现垂直起飞和悬停，速度相对较慢，主要用于游览、救护和体育活动等场景。

倾转旋翼机是一种创新的旋翼飞行器，集成了直升机和固定翼航空器的特点。其两个带有发动机舱的旋翼位于机身两侧翼尖，采用直升机模式进行起飞和降落。在向前飞时，旋翼相对于机体倾转，过渡到普通螺旋桨飞机模式，通过旋翼产生向前的拉力，并依靠机翼产生升力。这一设计使得倾转旋翼机兼具垂直起降和水平飞行的灵活性。

扑翼飞行器是一种依靠类似鸟类翅膀运动的翼面产生升力的飞行器。自古以来，人类一直在尝试模仿飞鸟的扑翼飞行。意大利画家达·芬奇曾在他的草图中提出过扑翼机的设计方案。尽管经过长时间的努力，直到今天实用的扑翼机仍未能取得成功。这是因为鸟类飞行时的翅膀动作远非简单的上下扇动，而是相当复杂的动作。扑翼飞行器为提升所需的动力仅为普通固定翼飞机的几分之一，且要实现垂直起降，因此目前仍在进行大量的研究。南京航空航天大学于2003年成功研制的可控微型扑翼机“银翅-03”填补了该领域在国内的空白。

地面效应飞行器（简称地效飞行器）利用地面效应在接近地面或水面腾空行驶。由于这种飞行器一般贴近地面或水面运动，因此不能算作飞行，而更适合称为“行驶”。不同于一般飞机，地效飞行器主要在地效区飞行，即贴近地面或水面飞行。与气垫船不同，气垫船通过自身动力产生气垫，而地效飞行器则是依靠地面效应产生气垫。

（3）按外形构造分类

① 飞机按外形构造分类：可以根据机翼数量和位置、机身形式、尾翼形式和位置、起飞着陆装置类型等外形特点进行划分。

② 直升机按外形构造分类：根据平衡旋翼反扭矩的不同方式，可分为单旋翼式（包括尾桨和无尾桨）、双旋翼式（包括纵列式、横列式、共轴式和交叉式）、多旋翼式；根据驱动旋翼的方式，分为机械驱动和喷气驱动；根据提供升力及推进力的方式，可分为正常形式、带翼式、倾转旋翼式和复合式。

除了上述外形分类，一些新概念直升机还呈现了多样化的设计理念和创新构想，如X机翼飞行器、变直径旋翼飞行器、环转旋翼飞行器、涵道风扇飞行平台、单兵作战飞行器。

第三章

找到成就感

运动类飞行器凭借其轻盈、紧凑的设计，实现了低成本、高效率的飞行体验。

这些飞行器通常采用先进的材料和工艺，以确保在各种环境下的安全性和耐用性。

此外，运动类飞行器所配备的发动机通常具有出色的燃油经济性和环保性能，使得飞行过程既经济又环保。

一、航空体育项目有哪些

我们将介绍运动类飞行项目中的热气球、跳伞、滑翔伞、滑翔机、固定翼运动类飞机等，并且分析这些项目的特点、要求和参与者所需具备的技能与知识。

1. 热气球

热气球是一种利用加热空气来升空的飞行器。通过加热气球内的空气，使其密度小于外部空气而升空。热气球飞行是一种慢节奏、轻松惬意的飞行方式，常用于空中观光和庆典活动等。

热气球

热气球的历史可以追溯到中国古代的“孔明灯”。孔明灯在中国历史上被用于军事通讯和求救信号的传递。随着时间的推移，孔明灯技术不断发展，人们开始尝试用热气球进行载人飞行。

1783 年，法国的孟格菲兄弟在巴黎进行了第一次载人热气球飞行，这次飞行比莱特兄弟的飞机飞行早了 120 年。这次飞行引起了轰动，人们开始认识到热气球作为一种交通工具的巨大潜力。

随后，热气球在欧洲迅速普及，成为一种流行的娱乐和交通工具。人们开始使用热气球进行跨越大西洋的旅行，甚至还举行了热气球比赛。在 19 世纪末到 20 世纪初，热气球技术得到了进一步的发展和完善，出现了更加先进的热气球设计和制造技术。

热气球这种古老而富有魅力的飞行器，其看似结构简单，但包含了物理学中的多方面原理，如热胀冷缩和浮力原理。

首先，我们来了解一下热胀冷缩的原理。当空气被加热时，空气分子的运动速度会增加，从而导致空气的平均动能增加。由于空气分子的平均动能增加。它们相互碰撞的频率也会增加，空气的体积膨胀。反之，当空气冷却时，其体积会缩小。

接下来是浮力原理。一个物体在流体中会受到一个向上的力，这个力就是浮力。浮力的大小与物体所排开的流体的重量相等。由于热空气的密度比冷空气小，因此热空气产生的浮力更大。这就是热气球能够升空的主要原因。

在热气球中，有一个特殊的球囊，它能够容纳被加热的空气。通过控制加热器，飞行员可以控制球囊内空气的温度和体积。当球囊内的空气被加热时，其体积膨胀并产生向上的浮力。这个浮力大于热气球的总重力时，热气球就开始上升。当飞行员关闭加热器时，球囊内的空气开始冷却，其密度增加，产生的浮力减小，这时，热气球开始下降。

除了加热空气外，飞行员还可以通过改变热气球的总重力来控制其升降。例如，通过丢弃沙袋或释放压舱物，可以减小热气球的总重力，使其更容易上升；相反，通过增加沙袋或压舱物，可以增加热气球的总重力，使其更快地下降。

在实际飞行中，飞行员还需要考虑风的影响。在适当的风向和风速下，飞行员可以操纵热气球进行水平移动和转向。这需要丰富的经验和技巧，因为风向和风速的变化可能会对热气球的飞行轨迹产生重大影响。

如今，热气球已经成为一个广受欢迎的航空体育项目，被广泛应用于旅游、摄影和探险等领域，其发展历程中经历了许多材料和技术方面的改进。从早期采用天然材料和简单的加热技术，到现代的合成材料和先进的电子控制系统，热气球的飞行速度和安全性得到了极大地提升。

早期的热气球囊体主要采用麻、丝绸等天然材料，这些材料虽然轻质，但易燃、不耐用。随着技术的发展，现代热气球采用了聚酯纤维、尼龙等合成材料，这些材料不仅轻质、耐用，而且具有良好的防火性能。

在加热技术方面，早期采用木材或煤炭作为燃料，燃烧这些物质产生热量加热空气。这种加热方式效率相对较低，需要消耗大量的燃料，而且产生的热量也不够稳定。现代热气球则使用丙烷作为燃料，丙烷燃烧产生的热量高且稳定，能够快速且均匀地加热空气。为了更好地控制燃烧过程，现代热气球通常配备有电子点火系统和燃料控制系统。电子点火系统能够确保火焰的稳定点燃，而燃料控制系统则可以根据飞行需要自动调节燃料供应，以保持稳定的热空气生成。

现代热气球还配备了电子控制系统和通讯设备，使得飞行员可以更加精准地控制飞行状态并获取必要的信息。飞行员通过无线电或卫星电话与地面控制中心进行通讯，获取气象信息和其他必要的支援，以便在遇到突发情况时迅速做出正确的决策。

热气球的发展历程中经历了许多材料和技术方面的改进，使得这项航空技术更加安全可靠。从早期的天然材料和简单加热技术，到现代的合成材料、先进电子控制系统和通讯设备的应用，热气球的飞行效率和安全性得到了极大地提升。通过了解热气球的发展历程和技术进步，我们可以更好地欣赏这项历史悠久的航空技术。

2. 跳伞

跳伞是一项令人兴奋和挑战性的运动，让人们体验到飞行的乐趣和自由。

跳伞

跳伞运动起源于15世纪的意大利，当时人们使用简单的工具从悬崖上跳下，以测试勇气和胆量。随着时间的推移，跳伞技术得到了改进，降落伞的设计也越来越科学。19世纪末，法国人加勒林发明了可折叠的降落伞，使跳伞变得更加安全和容易。此后，跳伞逐渐成为一项备受欢迎的休闲运动和竞技体育项目。

跳伞有多种不同的类型，包括定点跳伞、自由落体跳伞、特技跳伞等。定点跳伞是指跳伞员从固定的高度跳下，并在指定的区域内着陆。自由落体跳伞是指跳伞员从高空自由落体而下，通常在达到一定高度后才打开降落伞。特技跳伞是指跳伞员在跳下时进行各种特技表演，如翻筋斗、旋转等。

国际上最著名的跳伞赛事之一是世界跳伞锦标赛，该赛事由国际航空联合会主办，每年举办一次。此外，还有定点跳伞世界杯、自由落体跳伞世界杯等国际赛事。这些赛事吸引了来自世界各地的顶尖跳伞运动员参加。

全国跳伞锦标赛是我国最高水平的跳伞赛事之一，由国家体育总局航空无线电模型运动管理中心、中国航空运动协会主办。此外，还有一些定期举办的比赛，如全国定点跳伞比赛、全国自由落体跳伞比赛等。

跳伞的物理学原理主要涉及重力和空气阻力。重力是地球对物体的吸引力，它使得物体向地面下落。而空气阻力是物体在空气中运动时受到的阻力，它与物体的形状、速度和空气的密度等因素有关。

在跳伞过程中，当跳伞者从高空跳下时，受到重力的作用开始加速下落。随着速度的增加，空气阻力也逐渐增大。当下降速度达到一定程度时，空气阻力会与重力相平衡，此时跳伞者将进入稳定的下落状态，即所谓的“终端速度”。

在这个过程中，跳伞者可以通过调节身体姿势和降落伞的操作装置来改变空气阻力和重力的平衡状态，从而控制下降速度和方向。例如，当跳伞者身体打直时，空气阻力减小，下降速度增加；当身体微微弯曲，空气阻力增大，下降速度降低；当身体变向时，改变下降方向。

另外，降落伞也是基于物理学原理的。当跳伞者达到一定高度并打开降落伞时，伞面迅速展开，增加了空气阻力。通过调节降落伞的收束程度，可以进一步调节空气阻力和重力的平衡状态，保持适当的下降速度和方向。

总之，跳伞的原理是通过重力和空气阻力的相互作用来实现从高空安全降落到地面。通过调节身体姿势和降落伞的操作装置，跳伞者可以控制下降速度和方向，最终安全降落到地面上。这个过程就包含上述的简单的物理学原理，即重力、空气阻力。

除此之外，跳伞运动员还需要有身体和心理素质等多方面的要求。在身体方面，他们需要具备强健的体魄和良好的耐力，以应对高空中强烈的气流和低温环境。此外，他们需要具备卓越的平衡感和灵活度，以便在风力和其他外力作用下保持稳定。

在心理方面，跳伞运动员需要具备冷静、果断和自信的品质。面对高空跳伞带来的恐惧和不确定性，他们需要能够控制情绪，保持清晰的思维和稳定地操作。此外，他们还需要具备强烈的自我意识和团队协作能力，以便在跳伞过程中与队友进行有效地沟通和协作。

在理论知识方面，跳伞运动员需要了解气象学、空气动力学、航空器原理等相关知识，需要熟悉跳伞装备和操作规程，掌握正确的跳伞技术和应急处理程序。此外，他们还需要熟悉相关法律法规和标准，以确保自己的行为合法合规。

在技巧方面，跳伞运动员需要掌握正确的起跳、空中操纵、着陆和应急处理等技能，需要熟练操纵降落伞，掌握各种飞行特技和编队飞行技巧。此外，他们还需要不断进行训练和演练，提高自己的技能水平和应对能力。

总之，跳伞运动员需要具备全面的身体素质、心理素质、理论知识和技巧才能安全、有效地进行跳伞运动。通过不断地训练和实践，他们才能不断提升自己的能力，成为一名优秀的跳伞运动员。

3. 滑翔机

滑翔机是一种不需要动力装置，在空中滑翔的飞行器。它通常由机翼、机身、尾翼和起落架等部分组成，通过空气动力学原理在空中滑翔。滑翔机的发展历史可以追溯到19世纪末，当时人们开始尝试设计和制造滑翔机。这一时期，一些先驱者开始探索飞行原理，并尝试利用不同的原理和技术来实现飞行。其中，航空学家戴维·布朗是滑翔机发展的先驱之一。他通过实验和计算发现了“翼护罩”原理，即空气对翼形状产生的压力可以使它抵消重力。这一原理的发现为滑翔机的发展奠定了基础。在随后的几十年中，滑翔机经历了多个阶段的发展。起初，滑翔机是由简单的木头和布料制成的，其设计和制造过程涉及许多手工艺技术和经验。随着时间的推移，滑翔机逐渐变得复杂和先进，材料和技术也不断更新。例如，在第一次世界大战期间，德国军队开始使用滑翔机进行侦察和轰炸任务。这些滑翔机通常被挂在轰炸机的机翼下，然后在空中释放，通过滑翔飞行到达目标区域。这种方法的出现改变了战争的态势，使得轰炸机的攻击更加精确和有效。

滑翔机

此外，在 20 世纪 50 年代至 60 年代，滑翔机开始进入民用领域。当时，一些冒险家和探险家开始使用滑翔机进行高空跳伞、探险和旅游等活动。随着技术的不断发展，滑翔机也逐渐变得更加安全、可靠和经济。现在，滑翔机已经成为了一种非常流行的运动和休闲方式，许多人通过驾驶滑翔机来挑战飞行和体验飞行的乐趣。

滑翔机的发展历史是一个漫长而不断进步的过程。从最初的简单木制翅膀到如今的复杂电子系统，滑翔机的设计和制造技术已经取得了巨大的进步。同时，滑翔机的应用范围也在不断扩大，广泛应用于气象观测、空中摄影、体育娱乐、空中观光、飞行表演等。

总之，滑翔机作为一种相对简单的飞行器，为航空航天事业的发展作出了重要的贡献。它的出现不仅促进了飞行原理和空气动力学的研究，还为后来的飞机和航天器设计提供了宝贵的经验和启示。

滑翔运动在我国的发展可以追溯到 20 世纪 30 年代初，欧洲的滑翔机运动传入中国。中国第一架现代滑翔机由当时位于天津的河北汽车学校生产制造；1935 年，广西航空学校、中央航空学校亦分别自造滑翔机一架，供学生练习驾驶。

1955 年 6 月 12 日，中央国防体育俱乐部滑翔学校在张家口榆林机场举行了隆重的开学典礼，这一天，它为中国航空运动的历史开创了先河。1964 年 8 月中国航空运动协会在北京成立，负责管理全国航空体育运动项目，是代表中国参加国际航空联合会及相应活动的唯一合法组织，承办在中国境内举行的国际和全国航空比赛及表演。我国于 1956 年成立山西省太原航空运动学校，1957 年成立大同航空训练基地，1958 年成立河南省航空运动学校等众多航校，通过开展业余群众性的滑翔运动训练，不仅可以极大地缩短空军飞行员的培训时间、降低淘汰率、节约器材和经费，提升飞行员对飞行技术的掌握，而且在很大程度上能够起到为空军培养后备力量，解决空军飞行员来源难题的重要作用。

中国滑翔运动通过学习、借鉴、消化和吸收外国的先进技术，采取适合中国国情的以竞赛为主的形式，积极开发西部地区的热力上升气流资源，加强场外高难度技术和翱翔飞行训练，逐步提高了运动水平和竞赛成绩，缩短了与世界滑翔运动强国的差距，使中国滑翔运动走向世界充满了希望和信心。

4. 滑翔伞

滑翔伞是一种航空运动，利用特殊的翼型伞衣在空气中滑翔，通过飞行员的控制实现飞行。滑翔伞起源于 20 世纪 70 年代初的欧洲，当时一些登山者从山上乘降落伞滑翔而下，体验到了滑翔伞带来的乐趣和自由。随着时间的推移，滑翔伞逐渐发展成为一种独立的航空运动，并吸引了大量的爱好者。

滑翔伞因其安全性、易学性、权威性、普遍性等特点在国内逐渐兴起，成为一种新的休闲方式。目前，国内滑翔伞俱乐部和飞行场地数量不断增加，滑翔伞爱好者群体也在不断扩大。同时，政府和相关机构也在推动滑翔伞运动的普及和发展，不断提高飞行技术和服务水平。

滑翔伞

滑翔伞的工作原理主要涉及空气动力学和重力的作用。当气流流经滑翔伞的翼型时，会在翼面上产生升力，这种升力的大小取决于气流的速度和角度。通过调整滑翔伞的角度和飞行姿态，飞行员可以控制升力和阻力的平衡，从而实现稳定地飞行。此外，飞行员还需要掌握气象条件、地形地貌、飞行规则等方面的知识，以确保安全和顺利地飞行。

要成为一名合格的滑翔伞飞行员，需要掌握以下知识和技巧：

飞行原理：了解空气动力学的基本原理和飞行控制技术。

气象条件：能够识别气象图和天气变化趋势，合理选择飞行时间和地点。

地形地貌：熟悉起飞和降落的场地条件，了解飞行区域的地形和障碍物分布。

飞行技能：掌握基本的飞行技巧和应急处理能力，如起飞、平飞、转弯、降落等。

安全意识：严格遵守飞行规则和安全标准，确保自身和他人的安全。

法律法规：遵守相关法律法规和飞行规定，确保合法合规飞行。

团队合作：与同伴进行有效地沟通和协作，共同保障飞行的顺利进行。

总之，滑翔伞是一项充满乐趣和挑战的运动，需要飞行员具备全面的知识和技能。随着国内滑翔伞运动的不断发展，相信会有更多的人加入到这项运动中来，体验飞行的自由与快乐。

5. 固定翼运动类飞机

固定翼运动类飞机是一种具有固定机翼，设计简单、操作方便的轻型飞机，通常用于空中观光、飞行训练和竞技比赛等领域。这种类型的飞机通常采用活塞或涡轮发动机作为动力装置，具有良好的稳定性和操控性。

固定翼运动类飞机

固定翼运动类飞行的主要特点包括：

结构简单：固定翼运动类飞行所使用的飞机通常采用简单的结构设计，具有较低的制造成本和维护成本，便于使用和维护；

操作方便：固定翼运动类飞行通常使用简单的飞行控制系统，飞行员可以通过简单的操作来控制飞机的起飞、巡航和降落等动作，降低了飞行难度；

适合娱乐和农业：固定翼运动类飞行通常用于空中旅游、空中摄影、农业喷洒等娱乐和农业活动，可以为人们提供独特的视角和体验；

安全可靠：固定翼运动类飞行通常采用低风险、低要求的飞行环境和操作方式，因此相对安全可靠。飞行员在培训和考试中也会接受严格的安全教育和技能培训，确保飞行安全。

固定翼运动类飞机通常具有较低的飞行速度和高度限制，适合初学者和空中观光者使用。同时，这种类型的飞机也具有较强的竞技性和娱乐性，可以用于飞行竞赛和特技表演等活动。但是固定翼运动类飞机也具有一定的风险和安全隐患，需要飞行员严格遵守操作规程和安全措施。

二、揭开运动类飞行的神秘面纱

运动类飞行是指飞行员驾驶轻型飞机进行的一种体育活动，通常包括飞行训练、比赛、表演等。运动类飞行执照（简称运动照）是由民航局颁发给飞行爱好者的入门执照，具体由国家体育总局管理。持有运动照的人员可以在符合规定的飞行条件下驾驶最大起飞重量1.2吨的1～4座的活塞式发动机驱动的单发固定翼飞机（其他类型运动航空器另有规定除外）。

运动类飞行器凭借其轻盈、紧凑的设计，实现了低成本、高效率的飞行体验。这些飞行器通常采用先进的材料和工艺，以确保在各种环境下的安全性和耐用性。此外，运动类飞行器所配备的发动机通常具有出色的燃油经济性和环保性能，使得飞行过程既经济又环保。

与传统的商业航班和通用航空飞行相比，运动类飞行更加注重个性和自由。它不仅仅是一种交通方式，更是一种追求自由、挑战自我的方式。在运动类飞行中，飞行员可以随心所欲地选择飞行路线和高度，感受天空的无垠和无限的可能性。这种自由度和灵活性使得运动类飞行成为一种独特的飞行体验，让飞行员和乘客都能感受到飞行的乐趣和魅力。

运动类飞行器的开放式座舱设计为飞行员提供了极致的视野和真实的飞行感受。座舱内通常配备高级的航电系统和舒适的座椅，以确保飞行员在长时间的飞行中能够保持舒适和清醒。这种设计不仅增强了飞行体验的真实感和沉浸感，还为飞行员提供了更加直观和准确的飞行信息，帮助他们更好地掌握飞行状态和应对各种突发状况。

总之，运动类飞行在航空领域中占据着举足轻重的地位。它不仅为飞行员和乘客带来了前所未有的飞行体验，更为航空工业的发展注入了新的活力和创意。在未来的航空领域中，随着科技的不断进步和创新，运动类飞行将会得到更广泛地应用和推广，成为航空领域中一颗璀璨的明星。

三、运动类飞行需要掌握的知识

我们将深入探讨参与运动类飞行所需掌握的技巧与知识。从飞行原理、飞行器结构到飞行技巧和安全知识，为读者提供全面的学习指导。

要参与运动类飞行，了解飞行原理是基础。飞行依赖于空气动力学原理，如牛顿第三定律（作用力和反作用力相等）和伯努利定律（流速快压力小）。通过理解这些原理，飞行员可以更好地操控飞行器。

1. 物理原理

飞行主要依赖于牛顿第三定律，即作用力和反作用力相等。当飞行器推动空气时，空气的反作用力使飞行器获得升力。此外，飞机还利用伯努利定律（流速快压力小），通过机翼上下的气流速度差异产生升力。

2. 化学原理

发动机工作需要燃料与氧气进行化学反应，产生能量推动飞行器。飞行员需要了解燃料混合比、发动机性能和排放标准等知识。

3. 数学知识

飞行涉及大量数学计算，如导航坐标、速度、高度、推力等。飞行员需要掌握基本的数学概念和运算，以进行飞行控制和决策。

4. 地理知识

飞行员需要了解地球的地理特征、地形地貌和航图识别，以确保安全导航和飞行。

5. 气象知识

飞行员需要关注天气状况，如风向、风速、气压、温度和云层等，以应对不同气象条件下的飞行挑战。

6. 天文知识

对于夜间或复杂天气条件下的飞行，飞行员需要了解天文知识，如星座、星象和太阳位置，以辅助导航和定位。

7. 法律法规

飞行员需要了解并遵守航空法律法规，包括飞行规则、空域限制和航空安全标准等。

8. 飞机结构与系统

飞行员需要熟悉飞机的基本结构和系统，如机身、机翼、发动机、导航设备等，以及它们在飞行中的作用和工作原理。

9. 飞行程序

飞行员需要掌握标准的飞行程序，如起飞、巡航、着陆和紧急程序，以确保飞行的安全和顺利。

10. 通信与仪表

飞行员需要熟练使用飞机上的通信设备和仪表，包括无线电、导航设备和驾驶舱仪表等，以保持与空中交通控制部门的联系和监控飞行状态。

11. 导航知识

飞行员需要掌握基础的导航知识和技能，包括地图阅读、GPS 使用和航路规划等，以准确找到目的地。

12. 应急处理

飞行员需要具备应对紧急情况的能力，包括应对机械故障、失火等情况的处置措施以及掌握应急着陆程序等。

13. 心理与身体素质

飞行员需要具备良好的心理素质和身体素质，以应对长时间飞行的疲劳和压力，以及在紧急情况下保持冷静和专注。

四、红牛特技飞行世锦赛

红牛特技飞行世锦赛起源于 2003 年，它是国际航空联盟（FAI）公认的竞技飞行世界锦标赛，从 2003 年创办至今已经成功举办 90 余场比赛。红牛特技飞行世锦赛是一场由世界最顶尖飞行员奉上的纯粹飞行运动竞赛，完美融合速度、精准、胆魄与高超的飞行技术，是世界上速度最快的机械运动比赛。起初，它只是一个小型的区域性比赛，但随着时间的推移，其影响力和知名度逐渐扩大，吸引了越来越多的飞行员和观众参与。如今，红牛特技飞行表演已经成为全球范围内顶级的特技飞行赛事之一，每年都有来自世界各地的顶尖飞行员参加。由于比赛规模的不断扩大，参与的飞行员和观众数量也在逐年增加，使得比赛更加具有观赏性和影响力。

红牛特技飞行世锦赛的比赛规则和赛制相对简单。比赛场地通常设置在机场或特定的飞行场地，设有多个障碍物，飞行员需要按照规定的要求，以最短的时间完成比赛。比赛过程中，飞行员需要展示高超的飞行技巧和精准的操控能力，以获得最佳的成绩。

参赛飞机有 Extra 300s，Sukhoi Su-26，Extra 300L，MX2，Zivko Edge540 等多个型号。

比赛场地

红牛特技飞行表演的场地也很多样，不止限于机场或特定的飞行场地，还可以在城市上空、自然风景区等地方举行。多样比赛场地也给观众带来更加丰富的视觉体验。

红牛特技飞行表演是一项国际性的空中竞技赛事，自 2003 年创立以来，在不同的城市和国家举办过多次比赛，知名的比赛场地有奥地利塞拉斯堡机场、英国洛德巴斯朗利特庄园、德国滕珀尔霍夫机场、土耳其的伊斯坦布尔等。

红牛特技飞行世锦赛作为一项顶级的特技飞行赛事，在航空运动中占据着重要的地位。它不仅为飞行员提供了一个展示技巧和竞技水平的平台，同时也为观众带来了令人惊叹的视觉享受。此外，红牛特技飞行表演也推动了航空运动的发展和技术水平的提高，为飞行员提供了更多的竞技机会和学习交流的平台。

五、模拟飞行第一级科目：Y- 特技竞速

模拟飞行作为一种极具吸引力的运动，对于许多飞行爱好者来说，是一种难得的体验机会。为了更好地满足爱好者的需求，从飞行的实际出发，我国建立了《模拟飞行技能等级划分与评定》，选取了红牛特技飞行世锦赛奥地利塞拉斯堡机场，驾驶特技飞机完成穿越 10 个气柱门并安全着陆的竞速飞行，作为模拟飞行的 1 级科目。本科目不仅有助于激发飞行爱好者的兴

趣，让他们更加熟悉模拟飞行软件的操作，而且还能够帮助他们更好地掌握摇杆、脚舵等飞行设备的使用技巧，熟悉6大仪表，以及常用的飞行动作与特技动作。

模拟飞行与红牛特技飞行世锦赛的比赛场景结合还可以帮助学习者提高他们的飞行技能，在模拟中，学习者可以不断地挑战自己的极限，尝试更高难度的动作和更复杂的飞行技巧。通过不断地练习和尝试，学习者的基础飞行技能将得到显著提高，从而更好地应对后期模拟飞行的学习。

此外，模拟红牛特技飞行世锦赛的比赛场景还可以帮助学习者更好地理解飞行中的物理原理，从而更好地掌握飞行技巧和提高飞行技能。

1. Y- 特技竞速设置与操作

（1）任务见示意图。

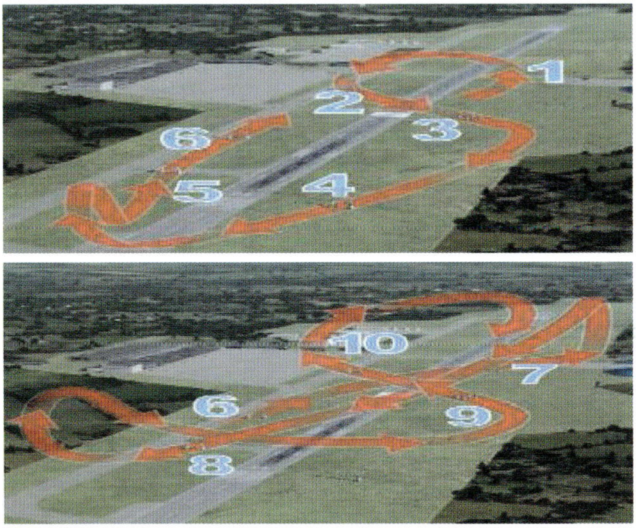

任务示意图

（2）评判标准

飞机每次穿越气柱门时，机体挂碰气柱会被自动罚时5秒，飞行高度超过气柱会判定为穿越失败，无法激活下一个门，需要重新绕飞进行穿越，整个飞行过程中发生坠毁即视为任务失败。穿越10号门后计时自动停止，飞行员需要在通过10号门计时停止后的1分钟之内完成着陆步骤，把飞机安全降落在跑道上并激活任务完成画面，这个阶段时间不计入总时间，以安全降落为准。

如果此阶段发生坠毁，仍然判定为任务失败。

2. 穿越气柱竞速实操教学

（1）进入“FSX”程序。

任务选择界面

（2）点击“MISSIONS”。

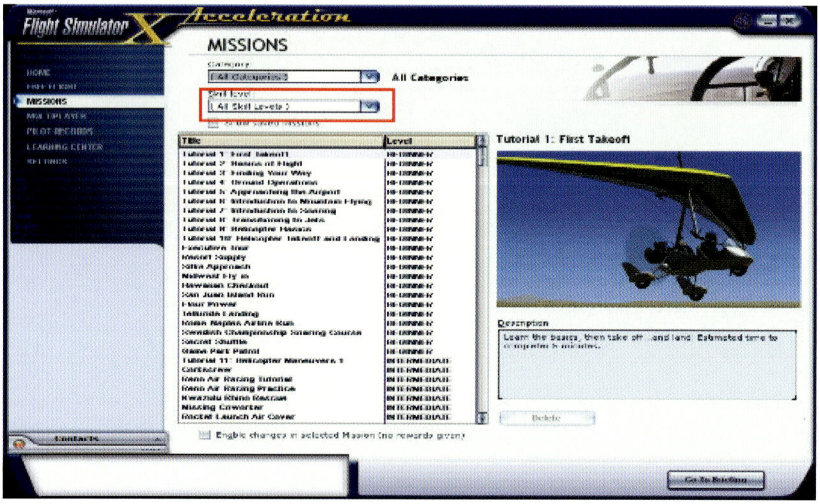

选择任务

（3）点击红框中的下拉菜单，选择 Expert。

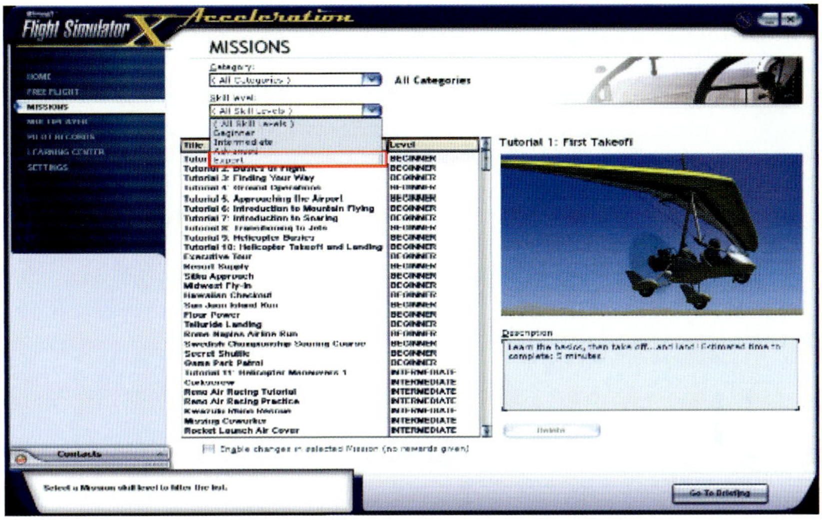

选择任务类型

（4）选择其中的 Red Bull Time Trial，考阶或比赛任务时选择 Red Bull Time Trial（without arrows）。

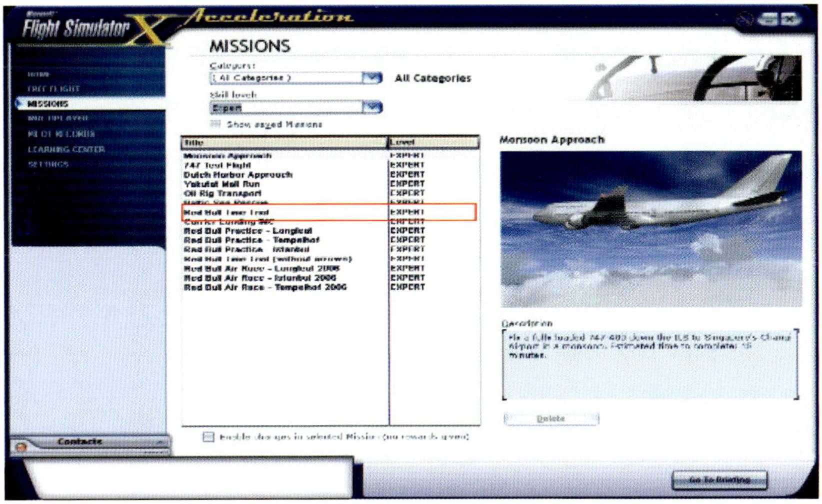

选择任务名称

（5）选定之后点击 Go To Briefing。

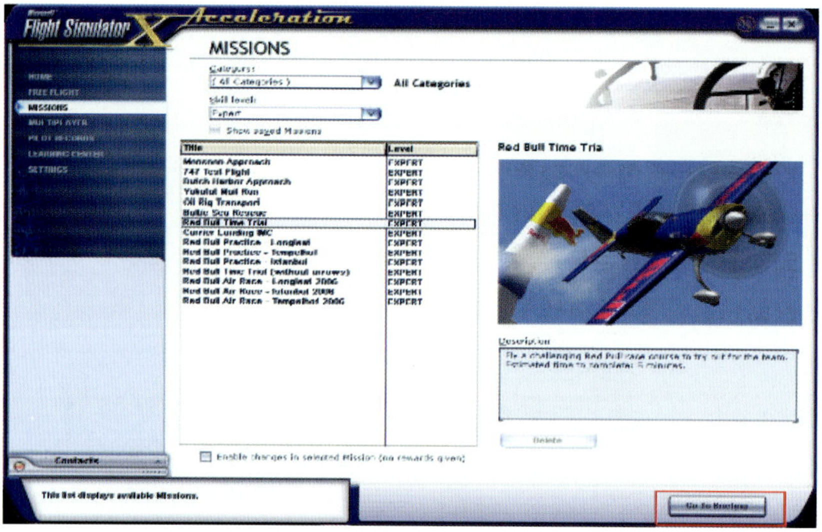

进入任务简报

（6）进入任务简报界面，仔细阅读任务简报，熟悉任务流程。

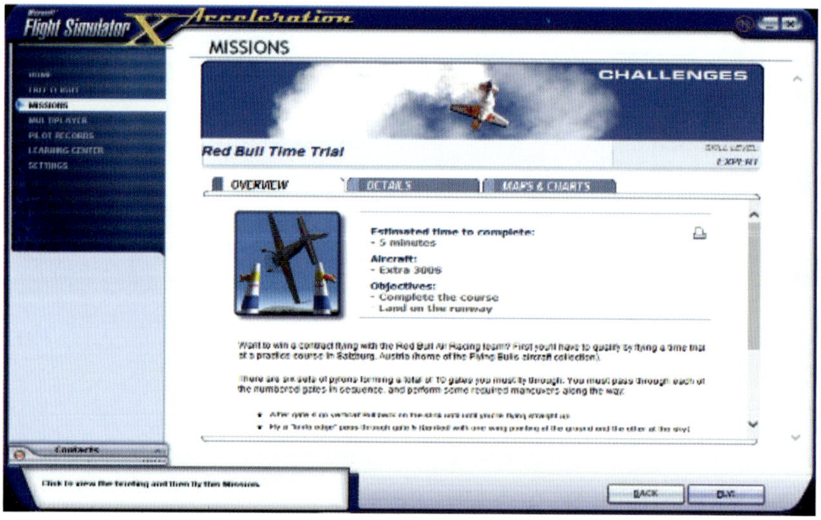

任务简报界面

（7）阅读完任务简报之后，点击 FLY 进入任务。

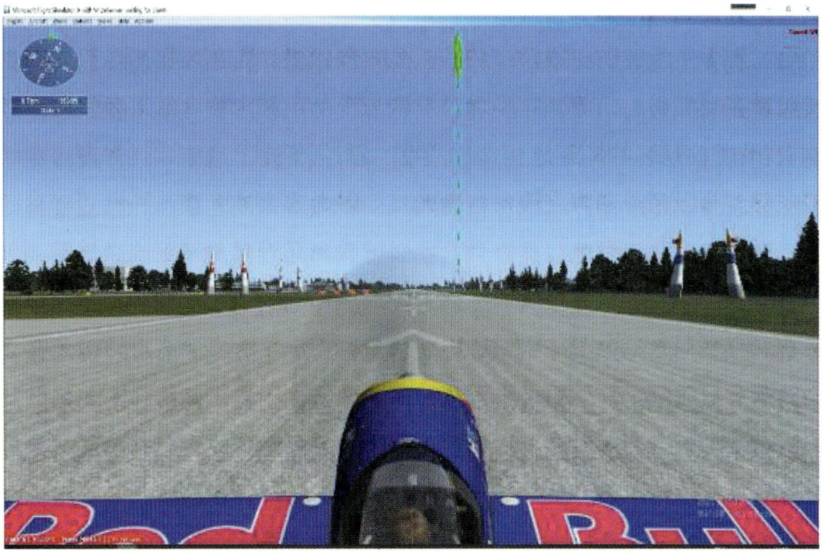

任务界面

（8）点击键盘上的“s”键进入机内视角，按“+”“–”调整至合适视角。

任务视角

（9）前推油门，待飞机可以直视跑道尽头时准备向后带杆起飞。

起飞前准备

（10）轻轻向后带杆，飞机起飞并将机头对准 1 号门入口。

1 号门位置

（11）平稳飞行，直至穿越 1 号门后迅速左转，看到 2 号门入口为止。

2 号门位置

（12）视情况控制杆量穿越 2 号门后对准 3 号门平飞。

3 号门位置

（13）3 号门之后缓慢向右转，直至对准 4 号门之后回正。

4 号门位置

（14）穿越 4 号门之后，沿直线飞行留出足够空余后向上进行一个正筋斗机动。

翻转指引

（15）筋斗翻至最高处时，向右轻轻带杆，使飞机在 5 号门与 6 号门的延长线上。

5 号门位置

（16）5 号门的飞行动作为刀锋，在通过门时需要一侧机翼指地。

飞机以“刀锋”动作穿过 5 号门，激活正前方 6 号门

（17）穿过6号门后，机头对准7号门平飞。

7号门位置

（18）平稳穿过7号门后，继续向前平飞，留有足够的空余后再进行一个正筋斗机动。

翻转指引

（19）接下来是一个点地的动作，是本任务的难点，需要反复练习。

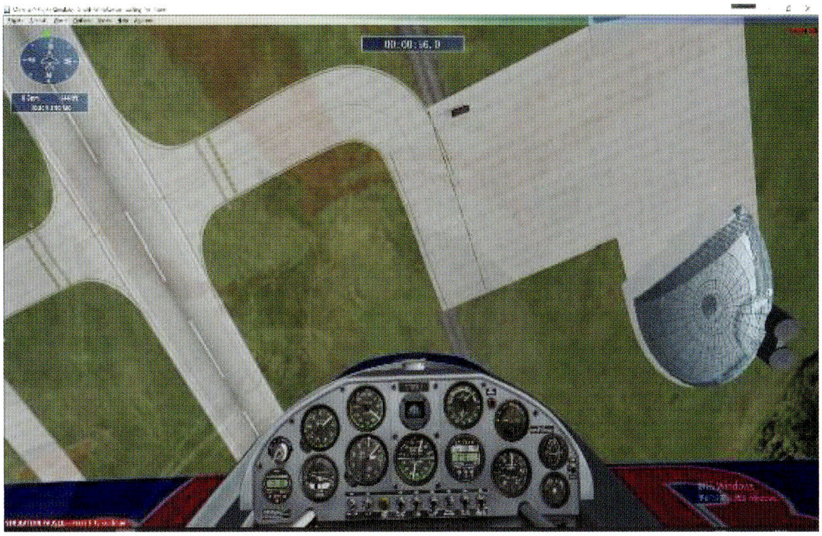

翻转后寻找任务点

飞机筋斗通过顶点后，建议不要立刻把下降参考点放在接地点，而应该在接地点之前，保持高速的俯冲状态下降高度，之后保持低高度飞行迅速接近接地点。此动作难度系数较大，初学时可以先收油门，使速度降低通过，熟悉后再逐渐加速。

接地点

（20）触地后激活并穿越 8 号门之后缓慢左转，至机身对准 9 号门。

穿越 **8** 号门后调转机头位置

（21）飞过 9 号门之后对准 10 号门直飞，完成任务，准备降落。

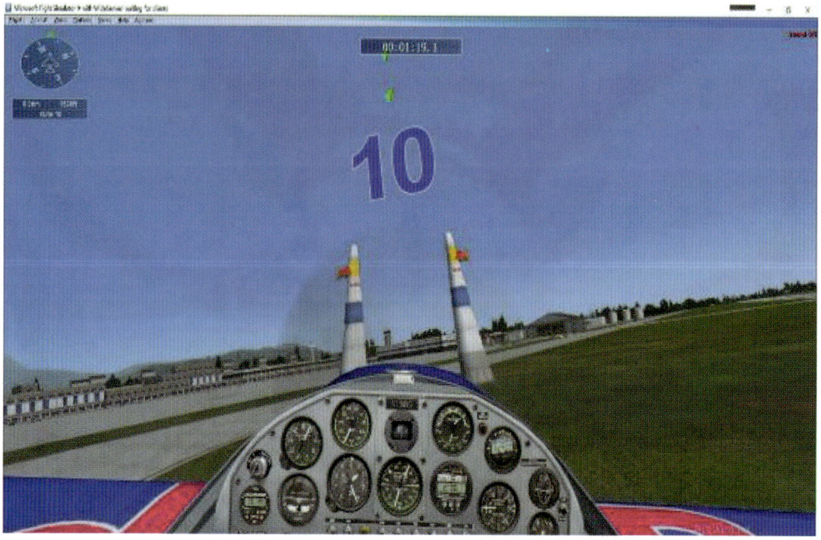

10 号门位置

（22）降落前，先将飞机对准跑道。

降落前对准跑道

（23）当飞机飞至跑道上空时，逐渐减少油门，降低速度，尽可能三轮同时触地。

降落

（24）当飞机完全触地后，轻点“.”键，使飞机减速至 40 千米 / 时，任务出现“Success”标，任务完成。

任务完成

第四章 认真培训的开端

起落航线——所有飞行员的飞院第一课

起落航线，
作为飞行员训练的起点，
不仅仅是一系列动作的执行，
更是一种对飞行艺术的深刻理解和实践。

它涉及飞机的操作、起飞和降落技巧，
以及在机场周围进行的导航和控制技能。

这些技能的掌握对于飞行员来说至关重要，
因为它们是飞行安全的基础。

一、起落航线对于飞行员的重要性

起落航线飞行是飞行学员学习的第一个飞行项目，它帮助学员建立正确的飞行概念和基本操作技能。通过起落航线飞行，学员可以学习到飞机的基本起飞和着陆程序，以及如何在不同风速、风向和其他气象条件下进行操作。“安全第一”是民航永恒的主题。安全是民航的生命线。没有安全就没有民航的快速发展，更谈不上创造经济效益和社会效益。正确的起落航线飞行可以避免与其他飞机的冲突，确保飞机在起飞和着陆过程中的安全间隔，减少事故的发生。起落航线飞行训练使学员熟悉并遵守飞行规则和标准操作程序，这对于成为一名合格的飞行员至关重要。学员必须学会如何遵循规定的航线、速度和高度限制，以及如何在飞行中进行有效的通信和导航。同时，学员在训练过程中可以学习如何控制自己的情绪，保持冷静和专注，这对于应对未来飞行中的各种情况至关重要。在技能提升方面，起落航线飞行训练帮助学员理解空中交通管理的基本原则，包括如何使用导航设施、如何读懂航图、如何与空中交通管制员进行有效沟通，也可以学习到飞机在不同飞行阶段的经济性和性能特点，这对于未来成为一名航线飞行员，进行长途飞行和节油操作具有重要意义。

起落航线飞行对于飞行学员而言，不仅是技能学习的过程，更是安全意识、规则遵守、心理素质等多方面能力的综合培养，为其成为一名合格的飞行员提供了全面而坚实的基础。

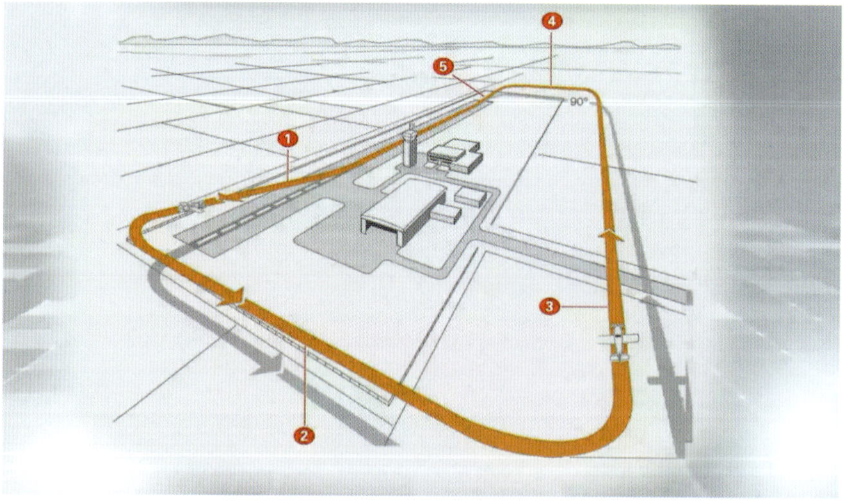

五边起降示意图

二、起落航线的培训内容

1. 理论知识

起落航线的基本概念和原则。

飞机起飞和着陆的物理原理。

飞行规则和标准操作程序（SOP）。

空中交通管制的要求和通信流程。

导航设施的使用和航图解读。

2. 飞行操作技能

起飞：学习正确的起飞姿态、油门控制、抬前轮的时机和高度。

飞行：保持正确的飞行姿态，调整油门和襟翼，进行必要的航向调整。

着陆：掌握进近速度、下降率、拉平高度和速度、着陆滑跑的操控。

复飞：在无法立即着陆时，执行复飞程序，包括拉杆、增加油门、调整襟翼等。

飞机起飞状态

3. 机场基础知识

学员需要了解机场的基本知识，包括机场布局、跑道、停机坪、指示牌等。

机场实景

4. 模拟训练

使用飞行模拟器进行起落航线飞行，模拟各种天气条件和紧急情况。

学习在模拟环境中应对各种突发状况，提高应变能力。

5. 实际飞行训练

在教员的指导下进行实际飞行，逐步掌握起落航线飞行的各项技能。

执行多次起飞和着陆，熟悉实际操作流程和感受。

在不同天气条件下进行飞行，增强对各种环境的适应能力。

6. 安全教育

学习飞行安全的基本原则，包括风险评估、预防措施和应急程序。

了解并遵守航空安全法规和飞行标准。

7. 心理素质训练

培养在压力下保持冷静、做出快速决策的能力。

学习应对飞行中可能出现的紧张和恐惧情绪。

8. 评估与反馈

定期进行技能评估，检查起落航线飞行的掌握情况。

教练提供反馈，指导学员改进技巧，提高飞行质量。

9. 应对异常情况

学员需要学习如何应对各种异常情况，包括如何应对强风、降雨、机械故障等。

三、起落航线的培训方法

1. 理论学习

飞行规则和程序：飞行员需要了解飞行规则、机场运行程序、跑道使用限制等基础知识。

飞行原理：理解飞机如何在空中受力，如何进行控制，以及如何在起降时管理速度和高度。

仪表读数理解：学习如何解读仪表盘，如高度表、速度表、航向指示器等，以确定飞机的状态。

飞机仪表组合

2. 模拟器训练

初级阶段，飞行员会在模拟器上进行大量练习，模拟真实的起落航线场景，以便在实际飞行前熟悉操作。

模拟器训练是飞行员培训中不可或缺的一部分。现代飞行模拟器能够模拟各种飞行条件，包括不同的天气状况、飞机性能限制、紧急情况等。通过模拟器训练，飞行员可以在没有风险的情况下，练习起飞、爬升、巡航、下降、进近和着陆等操作。此外，模拟器训练还可以帮助飞行员熟悉飞机的各个系统，如发动机、飞行控制系统、导航系统等。

飞行模拟器驾驶舱

3. 实际飞行训练

基本起飞和降落：在教练的监督下，开始在小型飞机上进行实际的起飞和降落练习，通常从简单的无风、无侧风条件开始。

逐步增加复杂性：随着技能的提高，会逐渐增加风向、风速、侧风、短跑道着陆等复杂情况的训练。

4. 航线规划和导航

学习如何按照指定的飞行计划，包括 VOR,NDB,GPS 等导航设备的使用，确保在起落航线中保持正确的航向和距离。

5. 应急程序

训练如何应对紧急情况，如发动机失效、仪表故障等，确保能在起落航线中安全应对。

6. 反馈与修正

在飞行员培训过程中，反馈与修正是提高飞行技能的关键。每次飞行结束后，教练会根据飞行记录和飞行员的表现，提供详细的反馈。飞行员需要根据这些反馈进行调整和练习，以改进自己的飞行技能。此外，飞行员还需要学会如何从自己的错误中学习，如何分析飞行中的问题，并找到解决问题的方法。

7. 反复练习

起落航线操作需要大量的重复练习。飞行员只有通过不断地实践，才能真正掌握这一技能。这包括对起飞、降落、飞行控制等各个环节的反复练习，以及对不同气象条件、不同飞行阶段的适应。反复练习不仅可以帮助飞行员熟练掌握飞行技能，还可以帮助飞行员在面对紧急情况时，能够迅速、准确地做出反应。

起落航线的培训方法通常包括理论教学和实际操练。在理论教学中，教师会通过视频、图表等方式介绍起落航线的基本原理和操作技巧。在实际操练中，学员会在模拟飞行器或实际飞机上练习起落航线操作，并受到飞行教员的指导和监控。

四、起落航线的考核

起落航线考核是飞行员训练过程中的重要环节，它是对飞行员起飞、巡航、下降、进近和着陆能力的全面检验。考核通常分为理论考核和实际操作考核两部分。

1. 理论考核

涉及飞行规则、程序、飞行原理、仪表读数、航线规划、导航知识以及应急程序等内容。

理论考核通常通过书面考试或计算机考试的形式进行。

2. 实际操作考核

在实际飞行中，考核官会评估飞行员的起飞和着陆技巧、飞行路径的精确性、对飞机的控制能力以及应对紧急情况的能力。

考核通常在多种天气和风向条件下进行，以检验飞行员在不同环境下的操作能力。

飞行员需要在规定的时间内完成一系列预设的飞行任务，这些任务模拟是实际飞行中的典型操作。

3. 模拟器考核

在某些情况下，飞行员可能需要在飞行模拟器中完成考核，尤其是在无法进行实际飞行的情况下。

4. 评分标准

考核官会根据飞行员的表现给出评分，评分标准通常包括飞行的安全性、精确性、效率以及遵守标准操作程序的程度。

5. 反馈与复训

考核结束后，考核官会提供详细的反馈，指出飞行员的优点和需要改进的地方。

如果飞行员在考核中未能达到标准，可能需要进行额外的训练和补考。

起落航线考核是飞行员训练成果的最终检验。它包括理论考核和实际操作考核两部分。理论考核涉及飞行规则、程序、飞行原理、仪表读数、航线规划、导航知识以及应急程序等内容。实际操作考核则评估飞行员的起飞和着陆技巧、飞行路径的精确性、对飞机的控制能力以及应对紧急情况的能力。考核通常在多种天气和风向条件下进行，以检验飞行员在不同环境下的操作能力。

五、注意事项

在起落航线培训中，学员需要注意以下几点：

1. 注意安全

始终将安全放在首位，严格遵守飞行规程和安全规定。

2. 多练习

通过不断的练习，加深对飞行操作的理解和掌握。

3. 注意细节

在飞行操作中，细节决定成败。仔细检查飞机、调整飞机速度、选择合适的跑道等，都是保证飞行安全的关键。

4. 保持耐心

飞行技能的掌握需要时间，学员需要保持耐心，不要因为一时的挫折而放弃。

5. 积极学习

飞行是一项复杂的技能，需要飞行员不断学习和提高。学员应该积极学习新的知识和技能，以适应不断变化的飞行环境。

6. 团队合作

飞行是一项团队活动，飞行员需要与机组其他成员、地面人员、空中交通管制等进行有效沟通和合作。

7. 自我管理

飞行员需要学会自我管理，包括健康管理、时间管理、情绪管理等，以保持良好的飞行状态。

8. 持续学习

飞行技术不断发展，飞行员需要持续学习新的飞行技术和知识，以适应飞行技术的发展。

9. 遵守职业道德

飞行员应该遵守职业道德，诚实守信，尊重生命，为乘客提供安全、舒适的飞行体验。

第五章

模拟飞行与民航机长

民航业对飞行员的要求十分严格，
选拔和培养出一名合格的民航飞行员并非易事。

目前的飞行选拔更多的是关注身体和成绩，
对于飞行技术、心理能力、行业基础等缺少有效甄别，
这对其未来飞行员培养存在一定滞后和困难。

模拟飞行作为航空爱好者和专业飞行人士乐此不疲的渠道，
若在民航机长的选拔和培养中进行有效融入，
有可能提升选拔和培养的整体效果，
为民航职业选出更加优秀的飞行员，
进而产生更加显著的效益。

一、民航飞行员的选拔过程

民航飞行员的选拔是一个严格而复杂的过程，涵盖了理论知识考试、飞行技能测试、心理素质评估等多个方面。在这一过程中，模拟飞行技术提供了一个重要的平台，使得选拔过程更加科学、严谨和高效。

1. 理论知识考试

理论知识是飞行员的基础，涵盖了航空原理、飞行性能、航空法规、气象学、导航等多个学科。在理论知识考试阶段，模拟飞行器可以用来进行仿真题目训练，通过虚拟飞行场景帮助学员更好地理解和应用理论知识。例如，通过模拟恶劣天气条件下的飞行，可以帮助学员理解气象对飞行的影响。

2. 飞行技能测试

飞行技能测试是选拔过程中的核心环节，主要考察飞行员的操控能力、应变能力和综合素质。在这一环节，模拟飞行器发挥了重要作用。

（1）操控能力测试

通过模拟飞行器，学员可以进行起飞、降落、巡航等多种飞行操作的训练。模拟器可以精确复现各种飞行状态，使学员在掌握基本操作技能的同时，逐步熟悉复杂的飞行操控。

飞行操行训练

（2）应变能力测试

在真实飞行中，飞行员可能会遇到各种突发情况，如发动机故障、气象变化、系统失灵等。模拟器可以设置多种应急情况，考察学员的应变能力和决策水平。模拟飞行器可以精确复现这些紧急情况，使飞行员在安全的环境中反复练习，从而提高其在实际飞行中应对突发事件的能力。

应变能力测试

（3）综合素质评估

模拟器还可以通过多种任务场景评估学员的综合素质，如团队合作能力、沟通能力和压力管理能力等。通过设定复杂的飞行任务，观察学员在团队中的表现和与空中交通管制员的沟通方式，评估其综合素质。

综合素质评估

3. 心理素质评估

心理素质是飞行员能否胜任工作的关键。模拟器通过仿真飞行环境，可以模拟高压力、高负荷的飞行任务，评估学员在不同压力条件下的心理状态和表现。通过模拟器，可以更真实地观察学员的心理反应和行为表现，从而做出更准确地评估。

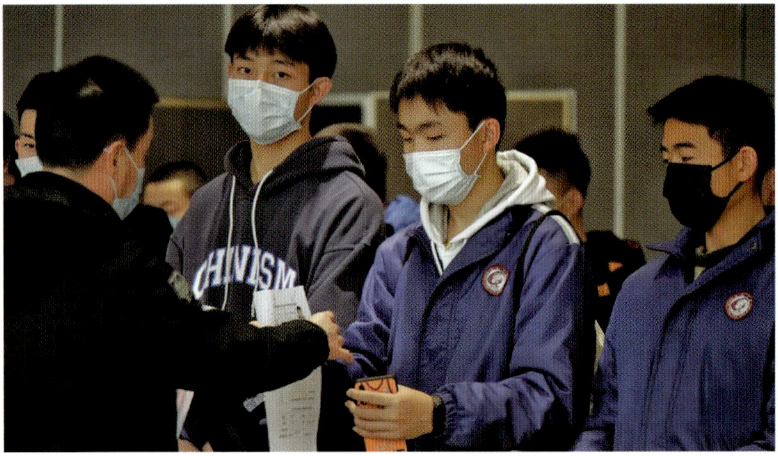

心理素质评估

二、顶尖人才的培养

顶尖人才的培养是一个飞行员技能持续提升的过程，模拟飞行技术在这一过程中同样发挥着重要作用。

1. 进阶训练

在飞行员成为机长之后，进阶训练是其职业生涯中不可或缺的一部分。模拟飞行器提供了一个安全、可控的环境，使飞行员能够在不影响实际飞行安全的情况下进行高难度、高风险的训练。例如，复杂仪表飞行、夜间飞行、恶劣气象条件下的飞行等，均可以通过模拟器进行充分训练。

2. 复训和检查

民航飞行员需要定期进行复训和检查，以确保其飞行知识与技能保持在高水平。模拟飞行器为复训和检查提供了便利和有效的平台。在模拟器中，飞行员可以反复练习关键操作和应急程序，确保在实际飞行中能够从容应对各种情况。

3. 新机型转换

当航空公司引进新机型时，飞行员需要进行新机型的转换训练。模拟器可以精确模拟新机型的各项数据，使飞行员在进入真实飞机驾驶舱前，已经对新机型的操作和性能有了充分地了解和掌握。这样不仅提高了训练效率，也大大降低了培训成本和风险。

4. 特殊任务训练

一些特殊任务如医疗急救飞行、灭火飞行、搜救飞行等，也需要通过模拟器进行专门训练。模拟器可以根据这些特殊任务的需求，设置相应的飞行场景和任务参数，使飞行员能够在逼真的仿真环境中进行针对性训练，提高执行特殊任务的能力。

三、模拟飞行的优势和效益

1. 提高训练安全性

模拟飞行器提供了一个完全安全的训练环境。飞行员可以在模拟器中反复练习各种高风险操作，而不必担心实际飞行中的安全问题。这不仅保障了飞行员的安全，也避免了实际飞行过程中可能造成的设备损失和经济损失。

2. 降低训练成本

相较于实际飞行训练，模拟飞行训练的成本要低得多。使用模拟器进行训练，可以节省大量的燃料、维修和运营费用。同时，模拟器的使用不受天气和机场起降时间的限制，可以大大提高训练效率。

3. 提供多样化训练场景

模拟器可以模拟各种复杂和极端的飞行场景，如恶劣天气、紧急情况、设备故障等。这些场景在实际飞行中很难或者不可能完全复现，但通过模拟器可以进行充分的训练和演练，提高飞行员应对各种复杂情况的能力。

4. 数据记录和分析

模拟器能够精确记录飞行员在训练过程中的每一个操作和行为，并生成详细的训练数据和报告。这些数据可以用于分析飞行员的操作习惯、技术水平和改进空间，从而为个性化培训提供科学依据。

5. 提高训练的可重复性

模拟器训练的另一个显著优势是其高重复性。飞行员可以在模拟器中多次重复同一飞行任务，以熟练掌握各种操作技巧和应急程序。在实际飞行中，很难实现如此高频次的重复训练，因此模拟器为飞行员技能的稳固和提高提供了宝贵的机会。

6. 环保和可持续性

模拟飞行训练对环境的影响要小得多，因为它不消耗航空燃油，也不会产生飞机噪音和排放。因此，模拟器训练不仅在经济上更具优势，也更加环保和可持续。

7. 全天候训练

模拟器不受天气条件的限制，可以全天候进行训练。飞行员可以在模拟器中经历各种天气条件下的飞行，如大风、暴雨、积雪等，为实际飞行做好充分准备。这种全天候训练的能力极大地提高了飞行员应对恶劣天气的能力。

8. 提高团队协作能力

模拟飞行通常是以团队合作的形式进行的，飞行员需要与其他机组成员密切合作，共同完成飞行任务。通过模拟飞行训练，飞行员不仅可以提高个人技能，还可以培养团队协作能力和沟通能力。

四、模拟飞行的应用案例

1. 新飞行员的初级培训

在新飞行员的初级培训阶段，模拟飞行器被广泛用于基础操控技能的培养。通过模拟器，学员可以反复练习起飞、降落、航线飞行等基本操作，逐步建立操控飞机的信心和能力。

2. 飞行员进阶培训

对于已经具备一定飞行经验的飞行员，模拟器可以用于进阶培训，如复杂仪表飞行、夜间飞行和恶劣气象条件下的飞行。这些高难度训练可以在模拟器中安全进行，帮助飞行员提升技能水平。

3. 机长资格认证

在飞行员晋升为机长之前，需要通过严格的机长资格认证。模拟器在这一过程中发挥了重要作用，通过高仿真的飞行场景和应急情况训练，评估飞行员的领导能力、决策能力和综合素质。

4. 特殊任务训练

对于执行特殊任务的飞行员，如医疗急救、灭火、搜救等，模拟器提供了针对性的训练场景。通过模拟器训练，飞行员可以在复杂和危险的环境中进行充分准备，提高任务执行的成功率和安全性。

特殊任务训练

五、模拟飞行技术的发展趋势

1. 虚拟现实（VR）和增强现实（AR）

随着虚拟现实和增强现实技术的快速发展，模拟飞行训练也在不断演进。VR 和 AR 技术可以提供更加沉浸式的训练体验，使飞行员感受到更为真实的飞行环境和操作效果。这些技术的应用将进一步提高模拟飞行训练的效果和实用性。

2. 人工智能（AI）和大数据分析

人工智能和大数据分析在模拟飞行训练中的应用前景广阔。AI 可以用于飞行员的智能评估和个性化训练方案的制定，而大数据分析则可以帮助航空公司优化训练流程和提高培训效率。这些技术的融合将使模拟飞行训练更加智能化和精细化。

比赛本地图片

3. 云计算和远程训练

云计算技术的发展使得远程训练成为可能。飞行员可以通过网络访问云端的模拟飞行器系统进行训练，打破了地理和时间的限制。这种灵活的训练模式将极大地提高培训的便捷性和效率。

4. 更加精确地仿真模型

未来的模拟飞行器将采用更加精确的仿真模型，包括更真实的气动性能、更逼真的气象条件和更详细的机场环境。这将使飞行员在模拟器中的训练体验更加接近于真实飞行，提高训练的质量和效果。

六、模拟飞行对飞行员的展望

1. 智能化和自动化

未来的模拟飞行器将更加智能化和自动化，利用先进的 AI 技术进行飞行员的评估和培训。智能系统可以根据飞行员的表现自动调整训练内容和难度，实现个性化培训。

2. 虚拟现实的全面应用

随着 VR 技术的不断进步，未来的模拟飞行训练将更加沉浸和真实。飞行员将通过 VR 设备体验更加逼真的飞行环境，进一步提高训练效果。

3. 全球联网和协同训练

云计算和网络技术的发展将使全球联网和协同训练成为可能。飞行员可以通过互联网与全球各地的模拟器系统进行连接，进行跨国界的协同训练和经验交流。这种全球联网的训练模式将极大地提升飞行员的综合素质和国际化视野。

4. 更加多样化的训练内容

未来的模拟飞行训练内容将更加多样化，不仅包括传统的飞行操控和应急处理，还将涵盖更多的特殊任务和复杂场景训练。例如，模拟器可以用于城市空中交通管理、无人机操作和太空飞行等新兴领域的培训。

飞行场景

第六章 打开潘多拉盒子

模拟飞行在航空中具有广泛的应用。
它主要用于飞行员训练，
以提高飞行员的操作技能和应对紧急情况的能力。

通过模拟飞行，
飞行员可以在地面模拟真实飞行，
进行飞行操作训练，
学习如何应对各种气象条件和紧急情况。

模拟飞行还可以用于评估新飞机的性能和安全性，
以及进行飞行员的资质认证和复训。

通过使用先进的模拟飞行技术，
航空公司可以提高飞行安全性和管理效率，
同时降低运营成本。

一、飞行仿真技术概述

1. 定义与分类

飞行仿真技术，作为一种高度专业化的技术手段，旨在通过模拟飞行过程，为航空领域的研究、设计、训练及评估提供有力支持。从定义上来看，飞行仿真技术涵盖了从简单的飞行动作模拟到复杂的飞行环境再现的整个过程。其分类多种多样，包括但不限于系统仿真、视景仿真、航电仿真以及机载武器系统仿真等。

根据分类的不同，飞行仿真技术在应用上呈现出多样化的特点。以系统级仿真为例，它主要关注整个飞行系统的性能和行为，通过构建高度逼真的仿真模型，为飞行器的设计优化和性能评估提供重要依据。据相关数据显示，通过系统仿真技术的应用，飞行器设计周期可缩短约30%，同时提高设计精度和可靠性。

视景仿真则是飞行仿真技术中的另一重要分支，它主要关注飞行过程中的视觉感受。通过先进的图形渲染技术和交互机制，视景仿真能够呈现出高度

视景仿真

逼真的飞行场景，为飞行员提供身临其境的训练体验。在实际应用中，视景仿真技术已广泛应用于飞行员的训练与考核，有效提高了飞行员的技能水平和应对复杂情况的能力。

此外，航电仿真和机载武器系统仿真也是飞行仿真技术的重要组成部分。航电仿真主要关注航空电子系统的功能和性能，通过仿真平台与工具的应用，为航电系统的研发与测试提供有力支持。而机载武器系统仿真则主要关注武器系统的作战效能和性能评估，通过构建逼真的仿真环境，为武器系统的研发与改进提供重要依据。

综上所述，飞行仿真技术作为航空领域的重要技术手段，其定义与分类的丰富性为其在不同领域的应用提供了广阔的空间。通过不断的技术创新和应用拓展，飞行仿真技术将在未来为航空领域的发展注入更多活力。

2. 飞行仿真技术的应用领域

飞行仿真技术在多个应用领域发挥着至关重要的作用。在航空工业中，飞行仿真技术被广泛应用于飞机设计、性能评估以及飞行员培训等。例如，在飞机设计阶段，飞行仿真技术可以模拟飞机在不同飞行条件下的性能表现，从而优化设计方案，提高飞行效率。据统计，采用飞行仿真技术进行飞机设计的企业，设计成本降低了约 20%。

在军事领域，飞行仿真技术同样发挥着不可或缺的作用。通过构建高度逼真的战场环境，飞行仿真技术为军事训练和作战模拟提供了有力支持。例如，在飞行员训练中，飞行仿真技术可以模拟各种复杂飞行任务和战场环境，提高飞行员的实战能力和应对突发情况的能力。此外，飞行仿真技术还可以用于评估武器系统的性能，为军事决策提供科学依据。

在民用航空领域，飞行仿真技术也发挥着重要作用。例如，在航空器适航审定过程中，飞行仿真技术可以用于验证航空器的飞行性能和安全性能。此外，随着航空旅游业的快速发展，飞行仿真技术也被广泛应用于航空娱乐和体验领域，为公众提供更加真实、刺激的飞行体验。

飞行仿真技术的应用领域还在不断拓展。随着人工智能、大数据等技术的不断发展，飞行仿真技术将与这些先进技术相结合，为航空领域的创新和发展提供更加有力的支持。未来，飞行仿真技术将在航空工业、军事、民用等多个领域发挥更加重要的作用，推动航空事业的持续发展。

二、仿真建模技术

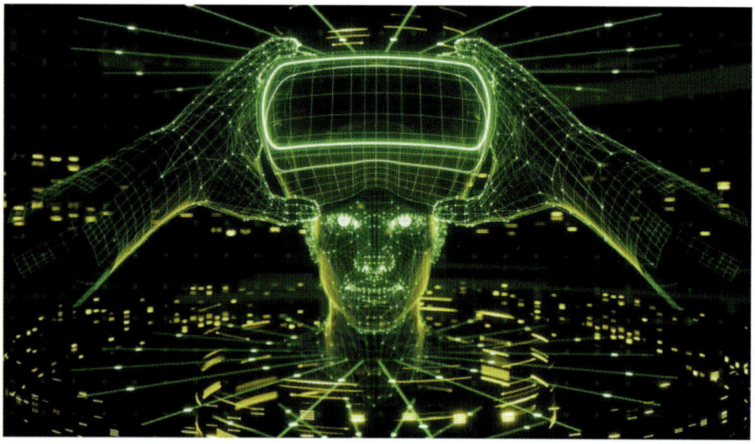

仿真建模技术

1. 建模原理与方法

飞行仿真技术的建模原理与方法是构建高精度仿真系统的基石。在建模过程中，遵循物理定律和工程原理，通过数学方程和算法来描述飞行器的运动特性和行为。例如，在飞机飞行仿真中，利用牛顿第二定律来描述飞机的运动状态，通过求解运动方程来预测飞机的轨迹和姿态。同时，还考虑空气动力学、发动机性能、控制系统等多个因素，以确保仿真结果的准确性和可靠性。

在建模方法上，采用模块化设计思想，将复杂的飞行系统划分为多个相对独立的模块，每个模块都具有特定的功能和接口。这种设计方式不仅提高了建模的灵活性和可扩展性，还便于对模型进行调试和优化。此外，还利用先进的仿真软件和工具，如 MATLAB/Simulink 等，来构建和验证仿真模型。这些工具提供了丰富的算法库和可视化界面，使得建模过程更加高效和直观。

为了提高建模精度和性能，我们不断对模型进行优化和调整，包括选择合适的算法和参数、优化模型结构、提高计算效率等。同时，还对仿真结果进行验证和校准，以确保其与实际飞行数据的一致性。通过不断地迭代和优化，我们可以构建出更加精确和可靠的飞行仿真模型，为飞行器的设计、测试和应用提供更有力的支持。

正如著名科学家爱因斯坦所言："想象力比知识更为重要。"在飞行仿真技术的建模过程中，不仅需要深厚的专业知识，还需要丰富的想象力和创造力。通过不断探索和实践，我们可以开发出更加先进和实用的飞行仿真技术，为航空事业的发展作出更大的贡献。

2. 建模工具与平台

在飞行仿真技术中，建模工具与平台的选择对于实现高精度、高效率的仿真至关重要。目前，市面上存在多种建模工具与平台，如 MATLAB/Simulink，FlightGear，X-Plane 等，它们各具特色，适用于不同的仿真需求。

MATLAB/Simulink 作为一款专业建模工具，以其强大的数学计算能力和灵活的建模方式，在飞行仿真领域得到了广泛应用。通过 Simulink 模块化的建模方式，用户可以快速搭建复杂的飞行系统模型，并进行仿真分析。同时，MATLAB 提供了丰富的算法库和工具箱，支持用户进行深入的飞行动力学、控制算法等研究。

FlightGear 作为一款开源的飞行仿真软件，拥有庞大的用户群体和丰富的机型库。它支持高度逼真的飞行环境模拟，包括天气、地形、机场环境等多种因素，提供了更加真实的模拟飞行体验。同时，FlightGear 的开源特性也使其具有高度的可定制性和可扩展性，用户可以根据自己的需求进行二次开发和优化。

在选择建模工具与平台时，需要综合考虑多个因素。首先，要根据仿真需求选择合适的工具与平台，确保其能够满足所需精度和性能要求。其次，要考虑工具的易用性和学习成本，以便能够快速上手并高效地完成建模工作。此外，还需要关注工具的更新情况和社区支持情况，以便及时获取最新的功能和修复潜在的问题。

在实际应用中，建模工具与平台的选择往往需要根据具体项目需求进行权衡。例如，在研发新型飞行器时，可能需要使用专业的建模工具进行精确的飞行动力学建模和控制算法设计；而在进行飞行训练或模拟飞行体验时，则可能更倾向于选择具有逼真飞行环境和交互功能的仿真平台。

综上所述，建模工具与平台在飞行仿真技术中扮演着举足轻重的角色。通过合理选择和使用这些工具与平台，可以实现高精度、高效率的飞行仿真，为航空领域的研发、训练和体验提供有力支持。

3. 建模精度与性能优化

在飞行仿真技术中，建模精度与性能优化是确保仿真结果准确可靠的关键环节。建模精度的高低直接影响到仿真结果的准确性，而性能优化则关系到仿真系统的运行效率和稳定性。因此，在建模过程中，需要充分考虑各种因素，以提高建模精度和性能。

为了提高建模精度，我们采用了先进的算法和精细的建模技术。例如，在飞机气动建模中，利用计算流体力学（CFD）方法对飞机外形进行精确描述，并考虑各种飞行条件下的气动特性变化。同时，还通过大量的风洞试验和飞行数据验证，确保模型的准确性。此外，我们还采用了多物理场耦合建模技术，综合考虑了飞机在飞行过程中的各种物理效应，进一步提高了建模精度。

在性能优化方面，注重提高仿真系统的运行速度和稳定性。通过优化算法和减少计算量，成功降低了仿真系统的计算成本，提高了实时性。同时，还采用了并行计算和分布式计算技术，充分利用计算机资源，提高了仿真系统的处理能力。此外，还对仿真系统进行了稳定性分析和优化，确保在长时间运行和复杂环境下仍能保持稳定运行。

通过提高建模精度与性能优化，成功提高了飞行仿真技术的准确性和可靠性。这不仅有助于更好地理解和分析飞行过程中的各种现象和问题，还为飞行器的设计和优化提供了有力支持。未来，随着技术的不断进步和应用领域的不断拓展，我们将继续深入研究建模精度与性能优化技术，为飞行仿真技术的发展作出更大的贡献。

三、视景仿真技术

视景仿真技术

1. 视景仿真的原理与实现

视景仿真的原理与实现，是飞行仿真技术中不可或缺的一环。其核心在于通过计算机图形学、图像处理以及虚拟现实技术，构建出高度逼真的虚拟飞行环境。这一过程中，需要运用大量的数学和物理模型，以确保虚拟环境的真实性和准确性。

在实现视景仿真时，图形渲染技术发挥着至关重要的作用。通过采用先进的渲染算法和高效的图形处理器，可以实现对虚拟环境中各种物体和场景的精细渲染。例如，利用光线追踪技术，可以模拟出真实的光照效果，使得虚拟环境更加逼真。同时，纹理映射和贴图技术也被广泛应用于虚拟物体的表面细节处理，进一步提升了视景仿真的真实感。

除了图形渲染技术外，交互与反馈机制也是视景仿真实现中的关键环节。通过设计合理的交互方式，如使用手柄、头盔显示器等设备，飞行员可以在虚拟环境中进行各种操作，并获得实时反馈。这种交互方式不仅提高了仿真的真实感，还有助于飞行员更好地掌握飞行技能。

在实际应用中，视景仿真技术已经取得了显著的成果。例如，在飞行员培训中，通过构建高度逼真的虚拟飞行环境，可以模拟出各种复杂的飞行场景，帮助飞行员提高紧急情况应对能力。同时，视景仿真技术也被广泛应用于航空器的设计和研发，通过模拟不同飞行条件下航空器的性能表现，为设计师提供重要的参考依据。

未来，随着计算机技术的不断发展和进步，视景仿真技术有望实现更高的真实性和更广泛的应用。通过引入更先进的图形渲染算法和更高效的计算平台，可以进一步提升视景仿真的质量和性能。同时，随着虚拟现实和增强现实技术的不断发展，视景仿真技术也将与这些新兴技术相结合，为飞行员提供更加沉浸式的培训体验。

2. 视景仿真中的图形渲染技术

在飞行仿真技术中，视景仿真扮演着至关重要的角色，而图形渲染技术则是视景仿真得以实现的核心。图形渲染技术通过模拟真实世界的视觉效果，为飞行员提供逼真的飞行环境感知。随着计算机技术的不断发展，图形渲染技术也在不断进步，为飞行仿真提供了更加精细、逼真的视觉体验。

在图形渲染技术中，光照模型、纹理映射、抗锯齿技术等都是关键要素。

光照模型能够模拟不同光源对物体表面的影响，使得渲染出的图像更加真实；纹理映射技术则通过为物体表面添加纹理信息，增强了图像的细节感和真实感；抗锯齿技术则能够消除图像中的锯齿状边缘，使得图像更加平滑。

以某型飞行仿真系统为例，其采用了先进的图形渲染技术，实现了高度逼真的飞行场景模拟。在该系统中，通过精细的光照模型和纹理映射技术，使得飞机、地面、天空等各个元素都呈现出极高的真实感。同时，系统还采用了高效的抗锯齿技术，使得图像边缘更加平滑，进一步提升了视觉体验。

随着虚拟现实、增强现实等技术的兴起，图形渲染技术也在不断创新和突破。未来，随着计算机性能的不断提升和图形渲染技术的不断进步，飞行仿真中的视景仿真将更加逼真、精细，为飞行员提供更加真实的飞行体验。

正如著名计算机图形学专家 Jim Blinn 所言："图形渲染技术的目标是尽可能真实地模拟现实世界。"在飞行仿真中，图形渲染技术正是实现这一目标的关键所在。通过不断优化和创新图形渲染技术，我们可以为飞行员提供更加逼真的飞行环境感知，提高飞行训练的质量和效果。

3. 视景仿真中的交互与反馈机制

在飞行仿真技术中，视景仿真中的交互与反馈机制扮演着至关重要的角色。通过先进的交互技术，模拟各种飞行场景和紧急情况，使飞行员能够实时与虚拟飞行环境进行互动。这种交互不仅提高了仿真的真实感和沉浸感，还使得飞行员能够在模拟环境中进行更加有效地学习和训练。

以某型战斗机的飞行仿真训练为例，通过高精度的视景仿真系统，飞行员可以身临其境地感受到飞行的各种细节，包括云层、气流、光影变化等。在模拟飞行过程中，飞行员可以通过操作杆、按钮等控制设备，与虚拟环境进行实时交互。当飞行员执行某个飞行动作时，视景仿真系统会立即给出相应的反馈，如飞行姿态的变化、仪表指示的更新等。这种即时反馈机制使得飞行员能够迅速感知到操作的效果，从而调整飞行策略。

此外，视景仿真中的交互与反馈机制还可通过数据分析模型来优化飞行员的训练效果。系统可以记录飞行员的每个操作动作和反应时间，通过数据分析来评估飞行员的技能水平和训练效果。同时，系统还可以根据飞行员的表现提供个性化的训练建议，帮助飞行员针对性地提升飞行技能。

正如著名飞行员查克·叶格所说："飞行是一门艺术，而仿真技术则是这门艺术的最佳助手。”通过视景仿真中的交互与反馈机制，飞行员能够在模拟环境中进行更加真实、高效地训练，为实际飞行做好充分准备。同时，这种技术也为飞行仿真技术的发展提供了广阔的应用前景和巨大的潜力。

四、航电仿真技术

航电仿真技术

1. 航电系统的组成与功能

航电系统作为现代飞行器的核心组成部分，其组成与功能对于飞行器的性能与安全性具有至关重要的影响。一般而言，航电系统主要由飞行管理系统、导航与通信系统、显示与控制系统以及传感器与数据处理系统等部分构成。

飞行管理系统是航电系统的“大脑”，它负责整合并分析来自各个子系统的数据，为飞行员提供飞行决策支持。

导航与通信系统则是航电系统的“眼睛”和“耳朵”，它负责为飞行器提供精确的导航信息，并保障与地面指挥中心的通信畅通。在现代战斗机中，导航与通信系统通常采用先进的卫星导航技术，如 GPS，确保飞机在复杂环境下仍能准确导航。同时，通信系统也采用了高速数据传输技术，实现了实时数据传输和指挥控制。

显示与控制系统是飞行员与航电系统之间的桥梁，它负责将航电系统的信息以直观的方式展示给飞行员，并接收飞行员的指令。现代飞行器的显示与控制系统通常采用先进的触摸屏技术，使得飞行员能够更便捷地操作。此外，一些先进的显示技术，如增强现实技术，还能够为飞行员提供更丰富的飞行信息。

传感器与数据处理系统则是航电系统的“感知器官”，它通过各类传感器收集飞行器的状态信息，并经过数据处理后提供给其他子系统使用。例如，在发动机监控系统中，传感器能够实时监测发动机的工作状态，一旦发现异常，数据处理系统便会立即发出警报，提醒飞行员采取相应措施。这种实时的监控与预警机制大大提高了飞行器的安全性。

综上所述，航电系统的组成与功能相互关联、相互支持，共同构成了现代飞行器的核心。随着技术的不断进步，航电系统也在不断发展与完善，为飞行器的性能提升和安全保障提供了有力支持。

2. 航电仿真平台与工具

航电仿真平台与工具在飞行仿真技术中扮演着至关重要的角色。这些平台与工具不仅提供了强大的仿真计算能力，还集成了大量的航电系统模型和数据库，为飞行仿真提供了坚实的基础。以某知名航电仿真平台为例，该平台采用了先进的模块化设计，支持用户根据实际需求进行灵活配置和扩展。同时，该平台还提供了丰富的接口和协议，方便与其他仿真系统进行集成和交互。

在航电仿真工具方面，一些先进的工具能够实现对航电系统的高精度建模和仿真。这些工具不仅支持对航电系统硬件的仿真，还能够模拟航电系统的软件逻辑和数据处理过程。通过这些工具，研究人员可以更加深入地了解航电系统的性能特点和工作原理，为飞行器的设计和优化提供有力支持。

此外，航电仿真平台与工具的应用还体现在飞行器的测试与验证过程中。通过仿真平台，研究人员可以在虚拟环境中对飞行器的航电系统进行全面的测试和验证，从而发现潜在的问题并进行改进。这种仿真测试的方式不仅提高了测试效率，还降低了测试成本，为飞行器的研发提供了重要的支持。

综上所述，航电仿真平台与工具在飞行仿真技术中发挥着不可或缺的作用。它们不仅提高了仿真计算的精度和效率，还为飞行器的设计和优化提供了重要的支持。随着技术的不断发展，相信未来航电仿真平台与工具将会更加先进和完善，为飞行仿真技术的发展注入新的活力。

3. 航电仿真中的数据处理与通信

在航电仿真技术中，数据处理与通信是至关重要的一环。航电系统作为飞行器的核心组成部分，其数据的准确性和实时性对于飞行仿真的效果具有决定性的影响。因此，在航电仿真过程中，必须采用高效的数据处理算法和通信技术，以确保仿真数据的准确性和实时性。

以某型战斗机的航电仿真为例，其数据处理涉及大量传感器数据的采集、融合和解析。通过采用先进的滤波算法和数据融合技术，可以有效地去除噪声和干扰，提高数据的准确性和可靠性。同时，通信技术的选择也至关重要。在仿真过程中，需要实现航电系统与其他系统之间的实时数据交换和协同工作。因此，采用高速、稳定的通信协议和先进的传输技术，可以确保仿真数据的实时传输和处理。

除了数据处理和通信技术的选择以外，还需要建立合适的分析模型来评估航电仿真的效果。通过比较仿真数据与实际飞行数据的差异，可以不断优化仿真模型，提高仿真的精度和可靠性。同时，引用行业内的专家意见和成功案例，也可以为航电仿真技术的发展提供有益的参考和借鉴。

综上所述，航电仿真中的数据处理与通信是确保仿真效果的关键环节。通过采用先进的数据处理算法、通信技术以及建立合适的分析模型，可以不断提高航电仿真的精度和可靠性，为飞行器的研发、测试和优化提供有力的支持。

五、机载武器系统仿真

1. 机载武器系统概述

机载武器系统作为现代战斗机的重要组成部分，其性能与可靠性直接关系到战斗机的作战能力与生存能力。随着科技的不断发展，机载武器系统也在不断更新换代，呈现出多样化、智能化的发展趋势。

以某型先进战斗机为例，其机载武器系统包括多种导弹和机炮，具备远程打击、精确制导和高速机动能力。这些武器系统通过先进的火控系统和传感器进行集成，实现了对目标的快速识别和精确打击。在实际作战中，该型战斗机的机载武器系统表现出了极高的命中率和作战效能，为取得胜利提供了有力保障。

在机载武器系统的研发过程中，仿真技术发挥着重要作用。通过仿真建模和验证，可以预测武器系统的性能表现，评估其作战效能，并发现潜在的问题和不足。同时，仿真技术还可以用于优化武器系统的设计和参数配置，提高其性能和可靠性。

未来，随着科技的进步和作战需求的不断变化，机载武器系统将继续向更高性能、更智能化方向发展。仿真技术也将不断创新和完善，为机载武器系统的研发提供更加精准、高效的支持。

正如著名军事专家所言："机载武器系统是战斗机的灵魂，其性能与可靠性直接关系到战斗机的生死存亡。"因此，我们必须高度重视机载武器系统的研发工作，充分利用仿真技术等先进手段，不断提升其性能和可靠性，为我国的国防事业作出更大的贡献。

2. 武器系统仿真建模与验证

在飞行仿真技术中，武器系统仿真建模与验证是至关重要的一环。武器系统作为飞行器的核心组成部分，其性能与可靠性直接关系到飞行任务的成功与否。因此，对武器系统进行精确的仿真建模与验证，对于提升飞行器的整体性能具有重要意义。

在武器系统仿真建模方面，我们采用了先进的建模方法和工具，对武器系统的各个组成部分进行了详细的建模。通过考虑武器系统的结构、功能、性能等多个方面，构建了一个高度逼真的仿真模型。该模型能够模拟武器系统的实际运行情况，包括发射、制导、打击等各个环节，为后续的验证工作提供了坚实的基础。

在验证过程中，我们采用了多种验证方法，包括对比分析、实验验证等。通过与实际武器系统的对比，发现仿真模型在性能参数、精度指标等方面与实际系统高度一致。此外，还通过实验验证的方式，对仿真模型进行了进一步的验证。实验结果表明，仿真模型能够准确反映武器系统的实际性能，为飞行器的设计和优化提供了有力的支持。

值得一提的是，在武器系统仿真建模与验证过程中，我们还注重了数据的收集和分析。通过对仿真过程中产生的数据进行深入挖掘和分析，能够更加准确地了解武器系统的性能特点和潜在问题。这些数据不仅为后续的优化工作提供了依据，还为飞行器的整体性能提升提供了有力的支撑。

综上所述，武器系统仿真建模与验证是飞行仿真技术中不可或缺的一部分。通过精确的建模和验证工作，能够更加深入地了解武器系统的性能特点，为飞行器的设计和优化提供有力的支持。未来，随着技术的不断进步和应用领域的不断拓展，武器系统仿真建模与验证将在飞行仿真技术中发挥更加重要的作用。

3. 武器系统仿真中的性能评估与优化

在武器系统仿真中，性能评估与优化是确保仿真结果准确可靠的关键环节。通过性能评估，我们可以对武器系统的各项性能指标进行量化分析，从而发现潜在的问题并进行优化。例如，在导弹仿真中，可以利用仿真模型对导弹的飞行轨迹、命中精度、毁伤效果等关键指标进行评估。通过对比仿真结果与实际测试数据，可以发现仿真模型中的不足之处，并进行相应的优化调整。

优化过程通常涉及对仿真模型参数的调整以及算法的改进。例如，在导弹制导算法的优化中，可以采用先进的优化算法，如遗传算法、神经网络等，对制导参数进行优化，以提高导弹的命中精度和抗干扰能力。此外，还可以利用仿真模型进行多方案对比，以选择出最优的武器系统配置方案。

在实际应用中，武器系统仿真中的性能评估与优化已经取得了显著的成果。以某型战斗机武器系统仿真为例，通过仿真模型的性能评估，我们发现该武器系统在特定作战场景下的打击能力存在不足。针对这一问题，我们利用仿真模型进行了多轮优化迭代，最终成功提高了该武器系统的打击精度和作战效能。这一案例充分展示了武器系统仿真在性能评估与优化方面的重要作用。

未来，随着仿真技术的不断发展和完善，武器系统仿真中的性能评估与优化将变得更加精准和高效。通过引入更先进的仿真算法和模型，可以进一步提高仿真结果的准确性和可靠性，为武器系统的研发和优化提供更加有力的支持。同时，还需要加强仿真技术与实际测试的结合，形成优势互补，共同推动武器系统性能的不断提升。

六、基础学科在飞行仿真中的应用

1. 数学与物理在仿真建模中的应用

在飞行仿真技术的建模过程中，数学与物理发挥着至关重要的作用。数学为仿真建模提供了精确的描述和计算方法，使得模型能够准确反映实际飞

基础学科在飞行仿真中的应用

行过程中的各种物理现象。例如，通过应用微积分和微分方程，可以精确描述飞行器的运动轨迹和速度变化；而概率论和统计学则有助于分析飞行过程中的不确定性和风险。同时，物理学为仿真建模提供了必要的理论基础，使得模型能够符合实际物理规律。在飞行仿真中，牛顿运动定律、空气动力学原理以及热力学原理等都被广泛应用，以确保模型的准确性和可靠性。

以某型战斗机的飞行仿真为例，数学与物理的应用贯穿于整个建模过程。在建立飞行器的运动模型时，需要利用数学方法描述飞行器的姿态、速度和位置等参数，并考虑空气阻力、重力等物理因素的影响。同时，在建立飞行器的控制系统模型时，也需要运用数学和物理的知识，以确保控制系统能够准确响应飞行器的各种指令和变化。通过综合运用数学和物理的知识，可以建立出高度逼真的飞行仿真模型，为后续的仿真实验和分析提供坚实的基础。

此外，数学与物理在仿真建模中的应用还体现在对仿真结果的验证和优化上。通过对仿真结果进行数学分析和物理验证，可以评估模型的准确性和可靠性，并发现其中可能存在的问题和不足。在此基础上，可以进一步利用数学和物理的知识对模型进行优化和改进，以提高仿真的精度和效率。因此，可以说数学与物理在飞行仿真技术的建模过程中发挥着不可或缺的作用。

正如著名物理学家爱因斯坦所言：“数学是描述自然的语言。”在飞行仿真技术的建模过程中，数学与物理的应用正是这种语言的体现。通过精确的数学描述和物理原理的应用，我们可以建立起高度逼真的飞行仿真模型，为航空领域的科学研究、工程设计和教育培训提供有力的支持。

2. 计算机科学在仿真实现中的作用

在飞行仿真技术的实现过程中，计算机科学发挥着举足轻重的作用。它不仅是构建仿真系统的基础，更是提升仿真性能、优化仿真效果的关键。通过计算机科学的应用，我们可以实现更加精确、高效地仿真建模和数据处理。

以飞行仿真中的数据处理为例，计算机科学提供了强大的算法和工具支持。例如，利用机器学习算法对飞行数据进行预处理和特征提取，可以显著提高仿真模型的精度和可靠性。同时，计算机科学还提供了高效的并行计算和分布式计算技术，使得大规模仿真数据的处理和分析成为可能。

此外，计算机科学在仿真系统的优化和性能提升方面也发挥着重要作用。通过引入先进的优化算法和模型，我们可以对仿真系统进行精细化的调整和优化，从而提高仿真的实时性和准确性。同时，计算机科学还可以帮助我们构建更加用户友好的仿真界面和交互机制，提升用户体验和仿真效果。

综上所述，计算机科学在飞行仿真技术的实现中发挥着不可或缺的作用。它不仅提升了仿真系统的性能和精度，还为我们提供了更加高效、便捷的仿真工具和方法。随着计算机科学的不断发展和创新，相信未来飞行仿真技术将会取得更加显著的进步和突破。

3. 人工智能在仿真优化中的潜力

在飞行仿真技术的优化过程中，人工智能的潜力日益凸显。通过深度学习算法，人工智能可以实现对仿真数据的智能分析和处理，提高仿真的精度和效率。例如，在飞行器的气动性能仿真中，人工智能可以通过对大量飞行数据的训练和学习，构建出高精度的气动模型，为飞行器的设计和优化提供有力支持。此外，人工智能还可以应用于仿真参数的自动调整和优化，通过智能算法对仿真参数进行迭代和优化，实现仿真结果的快速收敛。

近年来，一些研究团队已经开始探索人工智能在飞行仿真优化中的应用。他们利用机器学习算法对仿真数据进行处理和分析，通过构建预测模型和优化算法，实现了对仿真过程的智能控制和优化。这些研究不仅提高了仿真的精度和效率，还为飞行器的设计和研发提供了更加可靠和高效的工具。据相关数据显示，通过人工智能的优化，飞行仿真的精度可以提高 20% 以上，同时仿真周期也大幅缩短。

人工智能与仿真优化

未来，随着人工智能技术的不断发展和完善，其在飞行仿真优化中的应用将更加广泛和深入。通过构建更加智能的仿真系统和平台，人工智能将能够实现对仿真过程的全面优化和控制，为飞行器的设计和研发提供更加精准和高效的支持。同时，人工智能还可以与其他先进技术相结合，如云计算、大数据等，共同推动飞行仿真技术的发展和创新。

正如著名科学家霍金所言："人工智能的潜力是无穷的，它将改变我们的生活方式和工作方式。"在飞行仿真领域，人工智能的潜力同样不可估量。通过不断挖掘和应用人工智能技术，我们有望实现飞行仿真技术的全面优化和升级，为航空事业的发展注入新的活力和动力。

七、飞行仿真技术的未来发展与展望

1. 技术创新与突破方向

在飞行仿真技术的创新与突破方向上，我们见证了多项前沿技术的融合与应用。其中，虚拟现实（VR）技术的引入为飞行仿真带来了革命性的变革。通过 VR 技术，飞行员可以身临其境地体验飞行过程，极大地提高了仿真的真实感和沉浸感。据数据显示，采用 VR 技术的飞行仿真系统，其训练效果相比传统方式提升了近 30%。

此外，人工智能（AI）在飞行仿真技术中的应用也取得了显著进展。AI 算法能够自主学习和优化飞行参数，提高仿真的精度和效率。例如，某型飞行仿真系统通过引入深度学习算法，成功实现了对复杂飞行场景的自主建模和仿真，大幅缩短了仿真周期，提高了仿真质量。

飞行仿真技术

在技术创新方面，高性能计算（HPC）技术的应用也为飞行仿真提供了强大的支持。通过利用 HPC 技术，飞行仿真系统能够处理海量的仿真数据，实现高精度的仿真计算。这不仅提高了仿真的准确性，还为飞行器的设计和优化提供了有力的数据支持。

未来，随着云计算、大数据等技术的不断发展，飞行仿真技术将迎来更多的创新与突破。我们可以预见，未来的飞行仿真系统将更加智能化、高效化，为航空领域的发展提供更加强大的支持。

2. 飞行仿真技术在航空领域的应用前景

飞行仿真技术在航空领域的应用前景广阔且充满潜力。近年来航空工业快速发展，对飞行仿真技术的需求也日益增长。据预测，未来十年内，全球飞行仿真市场的年复合增长率将超过 10%，显示出其强大的市场活力和增长动力。

在航空器的设计与研发阶段，飞行仿真技术发挥着至关重要的作用。例如，某型战斗机的研发过程中，通过高精度的飞行仿真系统，工程师们能够模拟出飞机在各种极端条件下的飞行状态，从而提前发现并解决潜在的设计问题。这不仅大幅缩短了研发周期，还降低了研发成本，提高了飞机的性能和安全性。

此外，飞行仿真技术还在飞行员培训中发挥着不可替代的作用。传统的飞行员培训方式往往依赖于实际的飞行训练，这不仅成本高昂，而且存在一定的安全风险。而飞行仿真系统能够模拟出各种飞行场景和紧急情况，让飞行员在虚拟环境中进行反复练习，从而快速提高飞行技能和应对能力。据统计，使用飞行仿真系统进行培训的飞行员，其飞行技能的提升速度比传统培训方式快30%以上。

未来，随着人工智能、大数据等技术的不断发展，飞行仿真技术将实现更加智能化和精细化的应用。例如，通过引入机器学习算法，飞行仿真系统能够自动学习和优化飞行参数，提高仿真的准确性和可靠性；同时，通过大数据分析，飞行仿真系统还能够对飞行数据进行深入挖掘和分析，为航空器的性能优化和故障预测提供有力支持。

3. 飞行仿真技术在国防与民用领域的融合

飞行仿真技术在国防与民用领域的融合，不仅推动了技术的创新发展，也促进了两个领域的相互借鉴与共同进步。

在国防领域，飞行仿真技术广泛应用于军事训练和武器系统研发。例如，通过构建高度逼真的战场环境，飞行仿真技术为飞行员提供了实战化的训练平台，显著提升了飞行员的作战能力和应对复杂情况的能力。同时，在武器系统研发中，飞行仿真技术能够模拟武器系统的性能表现，为武器系统的优化和改进提供了有力支持。

在民用领域，飞行仿真技术同样发挥着重要作用。在航空工业中，飞行仿真技术被广泛应用于飞机设计、性能评估以及飞行安全分析等方面。通过仿真技术，设计师可以更加精确地预测飞机的飞行性能，为飞机的优化和改进提供数据支持。此外，在航空运输领域，飞行仿真技术也被用于提高飞行安全和效率，例如通过模拟飞行过程中的各种情况，帮助飞行员更好地应对突发状况。

飞行仿真技术在国防与民用领域的融合，不仅促进了技术的共享和互通，也推动了两个领域的协同发展。通过借鉴国防领域的先进技术和管理经验，民用领域可以不断提升自身的技术水平和创新能力；同时，民用领域的发展也为国防领域提供了更多的技术支持和应用场景。这种融合不仅有助于提升国家的整体科技实力，也为社会的可持续发展注入了新的动力。

未来，随着技术的不断进步和应用场景的不断拓展，飞行仿真技术在国防与民用领域的融合将更加紧密。我们可以期待更多创新性的应用案例出现，为国家的安全和发展提供更加坚实的保障。

八、我国飞行仿真技术的自主研发情况

1. 自主研发历程与成果

我国飞行仿真技术的自主研发历程可谓波澜壮阔，成果丰硕。20 世纪 80 年代后，随着计算机图形技术快速发展，我国的飞行仿真技术也进入了崭新的发展阶段。经过数十年的不懈努力，我国已经成功研制出多款具有自主知识产权的飞行仿真系统，并在航空、航天等领域得到了广泛应用。

在自主研发历程中，我国科研团队攻克了一系列关键技术难题，成功研发了高精度、高逼真度的飞行仿真模型，能够真实模拟各种飞行场景和条件。在视景仿真技术方面，实现了复杂场景的快速渲染和实时交互，为飞行员提供了逼真的视觉体验。此外，在航电仿真和机载武器系统仿真等领域，我国也取得了显著进展。

我国已经成功研制出多款具有代表性的飞行仿真系统，这些飞行仿真系统能够模拟多种机型的飞行特性，为飞行员提供全面多样的训练环境。比如复杂战场环境下的作战模拟，为军事训练和战术研究提供了有力支持。这些系统的成功研制和应用，不仅提升了我国飞行仿真技术的水平，也为我国航空事业的发展奠定了坚实基础。

展望未来，我国飞行仿真技术的自主研发将继续深入。随着人工智能、大数据等新一代信息技术的不断发展，我国将进一步加强飞行仿真技术与这些技术的融合创新，推动飞行仿真技术在更多领域的应用和发展。同时，我国也将继续加强与国际的交流与合作，不断提升我国飞行仿真技术的国际竞争力。

2. 自主研发中的技术挑战与突破

在飞行仿真技术的自主研发过程中，技术挑战与突破是不可或缺的部分。

首先，建模精度与性能优化是一大技术难题。传统的建模方法往往难以兼顾精度与效率，导致仿真结果与实际飞行状态存在偏差。为了突破这一瓶颈，我国研发团队采用了先进的算法和数据处理技术，通过优化建模过程，提高了仿真精度和性能。例如，在某型战斗机的仿真建模中，研发团队成功将建模误差控制在 1‰以内，大大提高了仿真的可靠性。

其次，在视景仿真技术方面，研发团队也面临了诸多挑战。视景仿真需要呈现高度逼真的飞行场景，包括复杂的天气变化、地形地貌以及动态目标等。为了实现这一目标，研发团队采用了先进的图形渲染技术和交互反馈机

制，通过精细化的场景构建和实时交互，使得仿真场景更加真实、生动。同时，研发团队还结合人工智能算法，对仿真场景进行智能优化，提高了仿真效率和用户体验。

在自主研发过程中，我国飞行仿真技术还取得了多项技术突破。例如，在航电仿真技术方面，研发团队成功研发了具有自主知识产权的航电仿真平台，实现了对航电系统功能的全面模拟和验证。不仅提高了仿真精度和效率，还为后续的飞行试验和评估提供了有力支持。同时，在机载武器系统仿真方面，研发团队也取得了显著进展，成功构建了多种武器系统的仿真模型，为武器系统的性能评估和优化提供了重要依据。

这些技术挑战的解决与突破的取得，不仅提升了我国飞行仿真技术的自主研发能力，也为我国航空事业的发展注入了新的动力。

3. 自主研发对未来发展的推动作用

自主研发飞行仿真技术对未来发展的推动作用不可小觑。以我国为例，近年来在飞行仿真技术领域的自主研发取得了显著成果。据统计，我国自主研发的飞行仿真系统已经成功应用于多款国产飞机的研制过程中，大大提高了研制效率和质量。这些系统的成功应用，不仅提升了我国航空工业的竞争力，也为未来更多创新成果的涌现奠定了坚实基础。

自主研发飞行仿真技术还推动了相关产业链的发展。随着技术的不断进步和应用领域的拓展，飞行仿真技术已经应用到航空、航天、国防等多个领域。这些领域对飞行仿真技术的需求不断增长，为相关产业链的发展提供了广阔的市场空间。同时，自主研发也促进了技术创新和人才培养，为我国在飞行仿真技术领域取得更多突破提供了有力支撑。

此外，自主研发飞行仿真技术还有助于提升国家的战略安全能力。通过自主研发飞行仿真技术，可以更加深入地了解飞行器的性能特点，为制定更加精准的作战策略提供有力支持。同时，自主研发也意味着我们在技术上拥有更多的自主权和话语权，能够更好地应对外部挑战和威胁。

正如著名科学家钱学森所言："科学是最高意义上的革命。"自主研发飞行仿真技术正是推动航空领域科学革命的重要力量。通过不断创新和突破，我们有望在未来实现更多飞行仿真技术的突破和应用，为人类探索未知领域、实现更高层次的科技进步贡献更多中国智慧和中国方案。

第七章 国产模拟飞行软件的研发之路

飞行是人类的一种终极浪漫。
驾驶着飞机翱翔于蓝天之上，
穿梭于白云之间，
是许多人儿时的梦想。
在科技日新月异的今天，
模拟飞行软件帮助人们实现了这一梦想，
而且成为航空领域和教育领域的重要工具。

模拟飞行可以帮助飞行员和爱好者提高飞行技能、降低训练成本，同时也可以作为一种娱乐方式，让人们享受飞行的乐趣。

然而目前市面上的模拟飞行软件，大多以国外开发商的产品为主。

“神翼”是一款技术源自北京大学的国产自研模拟飞行软件，为飞行训练和航空知识普及提供了新的选择。

本章将介绍它的技术缘起、研发过程，带领大家进一步了解这款国产自研的模拟飞行软件。

一、背景介绍：模拟飞行软件的前世今生

最早的模拟飞行软件可以追溯到 1976 年，布鲁斯·阿特威克（Bruce Artwick）正在美国的伊利诺伊大学香槟分校攻读研究生学位时。他本人是狂热的飞行爱好者，他的硕士论文内容是飞行模拟器在数字设备公司（Digital Equipment Cooperation）的 PDP-11 微型计算机上运行，其三维演示可以达到每秒 9 帧，这在那个时代是非常出色的。他成功地证明了当时的第一代微型计算机能够同时进行运算和图像显示，从而实现飞行的模拟。此后，他成立了自己的公司 Sub Logic 来开发名为飞行模拟（Flight Simulator）的软件。

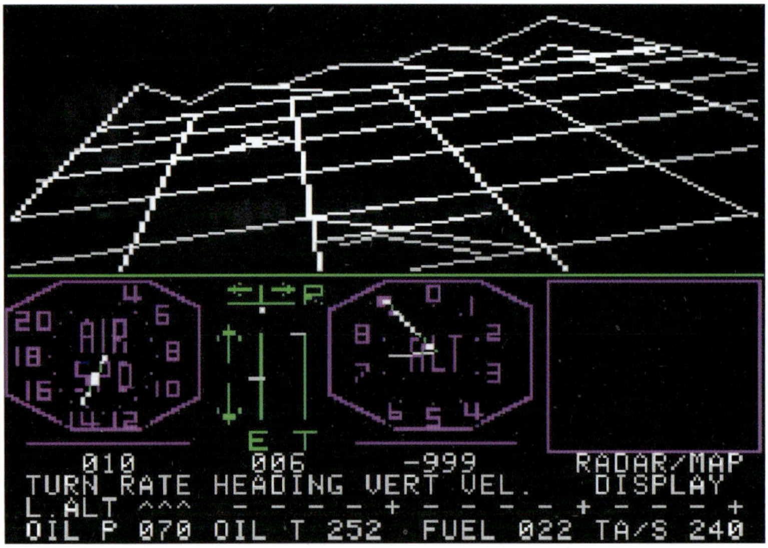

用于 Apple II 的 Sub Logic Flight Simulator 1

经过长年的开发，1982 年 9 月《计算机游戏世界》杂志把“模拟飞行”列为迄今为止第四大畅销产品。最终，微软和 Sub Logic 达成了合作关系，拿下了飞行模拟软件的授权。至此，微软模拟飞行系列的历史开始了。1982 年底，微软模拟飞行正式发布，这是有史以来人类第一次可以在家用电脑实现做飞行员的梦想。

在之后的 40 多年里，微软模拟飞行经历了数次版本迭代更新，逐渐发展成为一款非常成熟的模拟飞行软件。特别是 2020 年 8 月发布的“微软模拟飞行 2020”，将模拟飞行画面品质推到了一个全新的高度被《时代》杂志称为史上最优秀的游戏之一。

微软模拟飞行从 1995 年到 2022 年的版本迭代

此外，洛克希德马丁（Lockheed Martin）公司购买了微软企业模拟平台（Enterprise Simulation Platform，ESP）的源代码，聘请了原 ACES Studios 团队继续开发产品。并于 2010 年发布了一个新的模拟飞行软件 Prepar3D，它支持 64 位架构，实现了 40 个高精细城市和全球 24 900 多个机场的模拟，并对 Oculus Rift，HTC Vive 等 VR 头显提供了支持。经历了 10 多年的持续发展，2023 年 7 月洛克希德马丁发布了新版本 Prepar3D V6。

另一款非常流行的模拟飞行软件是由美国 Laminar Research 公司开发的 X-Plane，它的历史可以追溯到 20 世纪 90 年代初期，当时 Laminar Research 公司的创始人 Austin Meyer 还是一名学生。他为模拟飞行的需要着手开发一款飞行模拟软件，也就是 X-Plane 的雏形。

Prepar3D V6 画面效果

最初的 X-Plane 版本发布于 1993 年，当时它只能在 Macintosh 计算机上运行。在随后的几年中，X-Plane 逐渐发展壮大，并且开始在其他平台上运行。如今，X-Plane 已经发展到了第 12 个版本，仍然是一款备受欢迎和使用的飞行模拟软件，不断引领着模拟飞行领域的创新和发展。

X-Plane 画面效果

可以看到，国外的模拟飞行软件大都由微软、洛克希德马丁等大公司主导研发，且历经数十年的长期迭代更新。由于开发一款模拟飞行软件需要对图形渲染、飞行仿真、场景建模等关键技术进行大量的技术投入，国内鲜有开发模拟飞行软件的团队。因此许多飞友常常发问：什么时候才能用上国产的模拟飞行软件?

二、技术驱动：源自北京大学的国产虚拟仿真技术

1984 年，北京大学建立了北京大学计算机系图形与交互技术实验室，主要从事图形图像与可视化、人机交互与用户界面、虚拟现实与多媒体等研究方向。1999 年，汪国平教授带领实验室科研团队结合当时国家重大工程应用中的迫切需要，对虚拟现实系统中海量场景数据的快速处理存储与发布、复杂场景实时交互绘制以及高并发协同交互场景编辑等技术难点及其科学问题进行深入研究，研制出一个超大规模的分布式虚拟现实综合集成支撑平台 ViWo。

ViWo 引擎名称取自 Virtual World 的缩写，使用 OpenGL，C++ 设计开发，具有完全自主知识产权，曾荣获教育部科技进步一等奖。该引擎具有高度仿真、性能优越、安全可控、灵活兼容等技术特性，可为航空及数字孪生等领域的虚拟仿真和三维可视化应用提供有力支撑。

经历了北京大学图形实验室二十余年教学和科研的成果积累，前后数百名硕士、博士研究生和实验室老师贡献了核心算法，而今 ViWo 引擎已发展成为具有众多先进特性的虚拟仿真平台。

1. 基于物理的高真实感渲染算法

采用图形领域最前沿的真实感渲染算法，实现基于物理的大气散射、模型材质、光照模型，可以达到照片、影视级渲染效果。

ViWo 引擎基于物理的实时渲染效果

2. 基于大地坐标系的超大规模场景

基于大地坐标系建模，支持数百 TB 的地理数据，可实现太空视角到草叶视角的无极缩放。

从太空视角到草叶视角的无极缩放能力

3. 基于真实天文历模型

支持 24 小时连续时间变化，基于真实星历的天体系统，不同日期的太阳方位角、月相变化与真实情况一致。

太阳方位角与月相变化

4. 复杂气象环境模拟

支持风、云、雨、雪、雾等各种气象环境，具备丰富的参数设置。以云层为例，按照气象学分类实现了低、中、高三大云族及积云、层云、卷云等数十种云的参数设置。

各种气象环境模拟效果

5. 支持复杂灯光系统

支持近进灯、PAPI 灯、跑道灯、滑行道灯等机场灯光系统，支持防撞灯、航行灯、着陆灯、滑行灯等飞机灯光系统。每一种灯光都有近 40 个参数，可精确设置其亮度、尺寸、可见角度等属性。该系统还可以根据跑道尺寸、进近灯光类型等信息快速自动生成机场跑道灯光。

机场及飞机灯光系统

6. 大范围场景自动生成

使用场景识别与智能生成技术，通过对卫星影像及 GIS 数据进行识别分析，全自动生成城市建筑、道路、植被等场景要素，可在几天内完成数十万建筑规模的城市场景。

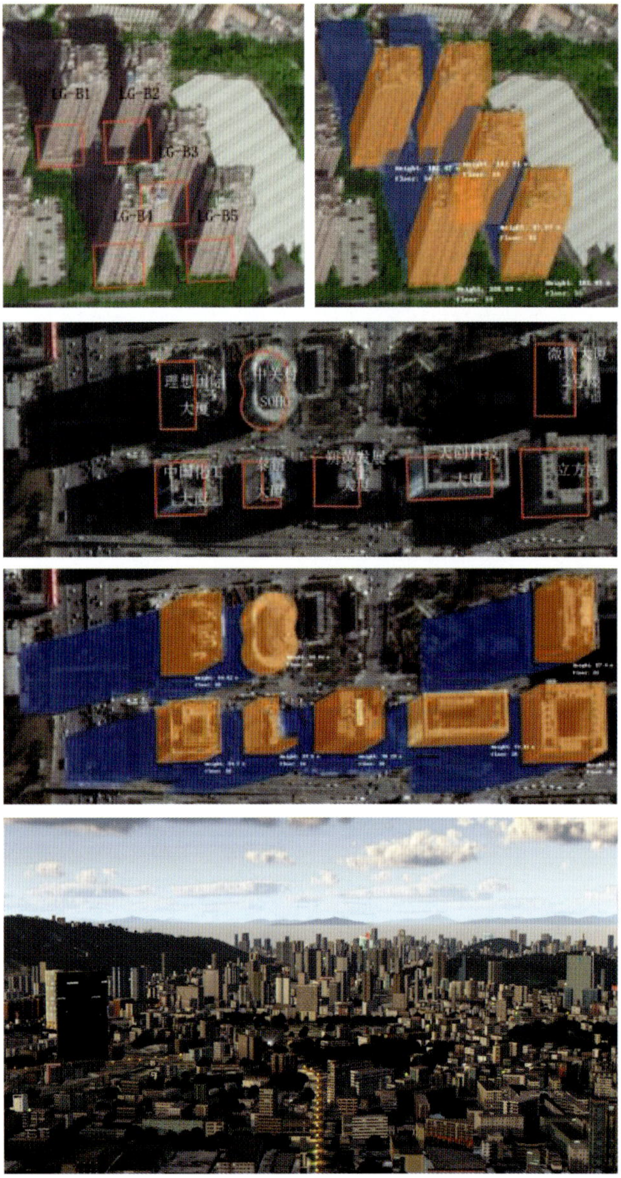

算法自动生成的城市场景

7. 优秀的数据兼容性

支持各类三维模型、GIS 数据、BIM 数据、CAD 数据，打通跨行业应用。仿真行业常用的 FLT 模型、游戏娱乐领域常用的 FBX、GLTF 模型，都可以直接通过自研场景编辑工具导入到引擎中使用。

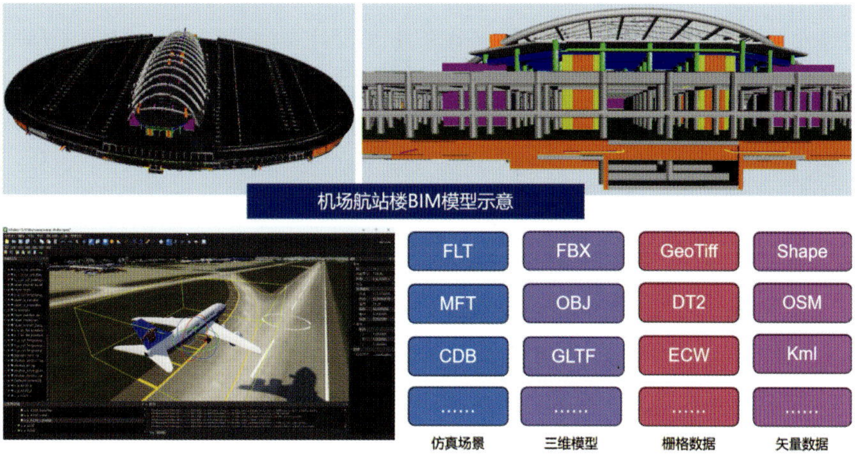

兼容各类数据

由于 ViWo 引擎强大图形渲染能力和仿真计算能力，早在 2014 年便被应用于飞行模拟器的视景系统，服务于专业飞行员的仿真训练。随着近几年国产化浪潮的兴起，其作为飞行模拟器重要的组成部分，视景系统将面临着更加迫切的国产化需求。

三、视景系统：打造专业的飞行模拟器

飞行模拟器是用来模拟飞行的机器，它是能够复现飞行器及空中环境并能够进行操作的模拟装置。高端型号飞行模拟器，是航空领域的三大验证装备之一。现代的飞行模拟器，是集计算机、机械、电气、电子、自动控制、液压、光学等技术于一体的高科技设备。根据国家相关标准和规定，将专业模拟器分成 A、B、C 和 D 四个等级，D 级是最高等级。D 级全动飞行模拟器是民航飞行员训练的必备装备，单台 D 级模拟器售价接近 1 亿元人民币。

飞行模拟器，通常由模拟座舱、运动系统、视景系统、教员控制台等部分组成。它既可以确保受训人员的安全性，也大幅降低了器材、油料和勤务保

障等方面费用，还不用担心天气和场地的影响，在缩短训练周期和提高训练质量上的成效相当显著。

视景系统是用来模拟飞行员所看到的座舱外部的景象，从而使飞行员判断出飞机的姿态、位置、高度、速度以及天气情况等。作为计算机仿真技术的重要分支，视景技术融合了计算机图形渲染、图像处理、多媒体与交互以及实时通讯等多项高新技术。先进的视景系统使用计算机图形学、虚拟现实等技术生成座舱外部景象，通过投影等装置显示出来，是飞行模拟器的核心软件系统。

飞行模拟器的视景系统

相较于一般的虚拟仿真应用，飞行模拟视景系统具有系统复杂度高、功能指标高、数据量大、画面稳定性以及实时性要求高等特点，因此系统研发难度大、技术门槛高，需要大量的研发资金投入和长期的技术积累。国外的视景系统产品开发可以追溯到20世纪60年代，如1964年通用电气公司研制出第一台计算机成像模拟系统，该系统用于美国载人航天中心训练宇航员，但只能提供带一些纹理的平面透视图；1968年计算机图形学之父Ivan Sutherland创立了Evans & Sutherland公司，先后开发了SP3，ESIG等视景系统。后来Evans & Sutherland公司将视景业务出售给Rockwell Collins公司，发展为专业飞行模拟领域广泛使用的Collins EP系列视景成像系统。

目前国内的专业飞行模拟器大多采用Collins EP，Quantum3D Mantis等国外视景系统，存在系统被禁运和数据泄露等风险。而国内大部分所谓国产自研视景，大多是基于 OSG（Open Scene Graph），Unreal 等开源图形引擎源码进行的二次开发。由于核心图形模块并非完全自研，且开发团队规模较小，因此持续研发更新能力有限，无法做到真正的自主可控。

为了更好地将实验室 ViWo 引擎进行工程化、产品化，进而推广应用、服务社会，北京大学汪国平教授与多名学生一起于 2014 年创办了北京微视威信息科技有限公司，基于 ViWo 引擎研发面向专业飞行模拟器的国产视景系统。与国外视景系统相比，具有更好的渲染效果和更强的渲染性能，并可根据用户需求灵活扩展，开发定制化功能，打破了国外视景技术对国内的垄断和部分系统模块的禁运，实现了高等级飞行模拟器视景成像系统的国产化替代和系统升级。同时，多台模拟器已通过中国民航 CCAR-60 部 5 级鉴定，是国内首个通过 5 级鉴定的纯国产自研视景。视景产品随模拟器走出国门，销往新加坡、泰国等海外市场。

通过 5 级训练器鉴定的通航模拟器

四、神翼启航：国产模拟飞行软件的诞生

我国的航空体育运动早在 20 世纪 50 年代就开始在广大青少年中普及开展，随着社会主义经济的发展，近十几年，越来越多的人开始关注和参与到模拟飞行运动中来。

为促进我国模拟飞行运动的规范管理，进一步发挥模拟飞行运动对专业飞行人才入口前置的作用，大力推进我国航空人口数量和质量的提升，国家体育总局航空无线电模型运动管理中心（下称“体育总局航管中心”）每年会指导并推动中国航空运动协会举办多个国家级和地区级赛事。目前国家级的主要赛事包含全国模拟飞行锦标赛、全国青少年模拟飞行锦标赛、全国高校模拟飞行锦标赛和全国模拟飞行网络精英赛等。

随着《全国模拟飞行运动管理办法》（2020 修订版）的进一步落实，国家体育总局航管中心和中国航空运动协会为助力培养高素质未来航空人才，推动 2021 年模拟飞行项目的顺利开展，体育总局航管中心孙涤非主任与北京大学汪国平教授进行了多次交流，共同探讨研发一款国产模拟飞行软件并应用于模拟飞行大赛的可行性。最终，由北京微视威信息科技有限公司、北京鹰扬科技有限公司、青岛山景虚拟现实研究院展开合作，根据《2021 年中国航空运动协会官方全国性模拟飞行竞赛规则》空军青少年航校竞赛项目中初教机本场飞行竞赛研制开发模拟飞行课目软件，即“神翼 2021”，初版内容为以初教六飞机在郑州上街机场飞行为主体的模拟飞行。

“神翼 2021”软件是基于北京大学自研引擎 ViWo 开发，结合了初教六飞机模型及飞行控制系统，按照竞赛规则进行设计的。

视景系统是“神翼 2021”的一大亮点，它通过 ViWo 引擎的强大渲染能力，真实还原了郑州上街机场的地形地貌及建筑模型。在飞行过程中，使用者可以看到自己驾驶的初教六飞机翱翔在逼真的天空中，感受着仿佛置身驾驶舱的真实场景。同时“神翼 2021”还具有飞行计划制定功能，可单独设置风力风向数据及飞行时间，模拟白天及夜晚的飞行场景。

“神翼 2021”中的上街机场

初教六座舱模型更是细致入微，精细刻画了舱内按钮、仪表、气动数据等飞行数据显示。使用者可以通过软件的数据分析结果，深入了解自己的飞行表现，为进一步提高飞行技能提供有力支持。

“神翼 2021” 中的虚拟座舱

飞行控制系统则可适配主流飞行摇杆控制器，使用者可以在软件中对初教六飞机进行各种控制和操作，包括起飞、降落、收放起落架、机动飞行等。

虽然有强大的 ViWo 引擎助力和专业模拟器视景系统的研发经验，神翼软件的开发并非一帆风顺，研制过程中经历了诸多挑战。

1. 虚拟座舱建模

专业模拟器由于有实体座舱，因此视景系统仅需要显示舱外场景的画面。而模拟飞行软件则需要对飞机座舱作精细建模，且要保证各按钮可交互操作、各仪表指针正确显示。而初教六的座舱公开资料较少，只能通过少量的网络图片和向专业飞行员请教来不断完善细化座舱建模。其中有趣的一点，有些初教六飞机的地平仪是反过来的，上方是表示陆地的棕色，下方是表示天空的蓝色，而有的飞行员则要求地平仪应当正常显示。为了满足不同用户的需求，最后把地平仪是否反转做成了软件的配置项，用户可根据自己的喜好修改设置。

2. 飞行控制仿真

飞行控制仿真涉及流体力学、空气动力学等物理理论，专业的飞行控制程序需要采集实际的飞行数据才能做到具有较高的仿真度。而在没有飞行数据包的情况下要想做好初教六飞机的飞行控制仿真，只能在通用飞行仿真模型的基础上进行反复调参。最开始大家都低估了飞行仿真调参的难度，在经过多次专业飞行员试用之后，提出了大量的修改意见，比如在特定速度下初教六实际情况下能做出什么飞行动作。在根据飞行员意见进行了无数次调参修改之后，终于得到了一版基本获得认可的飞行控制仿真程序。

3. 硬件环境适配

软件开发的一个难点就是硬件环境适配。用户习惯使用的摇杆各式各样，电脑的配置也良莠不齐，有的设备甚至用的是五六年以前的显卡。为了适配基础配置和老旧显卡，神翼软件进行了多次的性能优化，尽可能减少资源占用量。此外，软件对市面上常用的几款主流摇杆进行了适配，尽可能做到了即插即用。

4. 外部接口通信

神翼软件实时将用户操作及飞机数据发送给服务器，从而对用户的飞行技能进行评估打分。刚开始，所有用户的飞行分数都很低，甚至连专业飞行员都只能刚好及格，导致大量用户对评估结果不满。后来经过技术排查发现，原来是飞行数据中有个别字段没有正确匹配。问题修复之后，大部分用户终于能获得满意的优秀成绩了。

在克服了上述技术困难之后，神翼软件于 2021 年 9 月推出了首个版本。在 2021 年第 13 届珠海航展上，空军招飞局与体育总局联合推出了一项引人注目的模拟飞行驾驶平台项目。该平台的惊艳亮相，吸引了大批航空爱好者争相参观体验。这个平台正是基于神翼 2021 软件进行定制化开发的，可以真实模拟初教六从珠海机场起飞、在珠海上空飞行的场景，为观众带来了一场视觉盛宴。通过此次招飞展馆的飞行体验，号召和呼吁了更多有志青年热爱祖国蓝天、践行航空报国、投身空军建设中来。

2022 年和 2023 年分别举办的第 13 届、第 14 届全国青少年模拟飞行大赛上，神翼软件的使用都作为一个重要的比赛科目，让青少年选手们获得了一次驾驶军机教练机进行空中竞技的珍贵体验。

未来，神翼软件将继续升级和完善，以满足更多用户的需求。一方面，软件将增加更多飞行场景和飞机环境，包括两个机场的转场飞行、侧风等不同的天气条件；另一方面，软件的真实感和仿真度也将得到加强，让用户能够更真实地感受到飞行的魅力。未来，神翼软件还将增加多人在线功能，允许多个用户同时在线进行模拟飞行，让飞行变得更加富有趣味性和挑战性。

2021 年珠海航展，空军招飞展位上的神翼软件登上央视

全国青少年模拟飞行大赛上的神翼软件使用画面

五、点燃梦想：神翼激发下一代飞行家

随着科技的不断进步，航空事业逐渐成为当今社会关注的焦点。近年来，我国空军规模日益扩大，民用航空运输产业飞速发展，对飞行员及相关从业者的需求也日益迫切。在这个背景下，神翼作为一款国产模拟飞行软件，为助力航空科普教育、培养新一代飞行员及相关从业者提供了有力支持。

首先，神翼软件是航空科普教育的得力工具。在校园中，神翼软件可以作为航空知识普及课程的一部分，从了解飞机的主要结构、动力装置、起落架、仪表等，到结合模拟飞行软件所提供的模拟场景，把书本知识运用到实践中，让学生可以在课堂中体验飞行的乐趣和挑战。通过神翼，青少年可以深入了解航空知识、提高飞行技能，为未来的职业发展打下基础。同时，这款软件还激发了青少年的热情和兴趣，让他们对航空事业充满了热爱和探索欲望。

其次，由于集成了专业视景系统的功能，神翼也可以用于专业飞行模拟训练设备，为飞行员提供真实、沉浸的飞行训练体验，让飞行员身临其境地感受着驾驶飞机的操作和挑战。这种沉浸式的体验不仅能够帮助他们提高飞行操作技能，还能培养他们应对复杂飞行条件和解决意外特情问题的能力。

希望神翼能够成为点燃青少年飞行梦想的火种让青少年充分发挥自己的潜力，探索未知的空中世界，实现自己的飞行梦想。同时，神翼在为航空育人方面发挥重要作用，不仅可以普及航空知识、激发人们对航空事业热爱，而且为培养下一代飞行人才作出了积极贡献。

第八章 空军早期培养一览

作为新时代的青少年，
肩负着祖国未来的希望与重任。

青少年是国家的未来，
必将是实现我国成为航空强国的中坚力量。

为培养航空航天领域的新型飞行人才，
国家在各省多所中小学投入资源，
建立了各自的青少年航空学校，
为热爱航空的青少年提供了系统学习飞行理论与
模拟操作的平台。

在航空学校，学生接受专业的航空特色教育与训练，这不仅是对国家规定课程的补充，更是对个人潜质的早期开发。学生必须继续保持当前良好的健康状态，以顺利通过未来的招飞选拔以及加入其他航空航天事业。

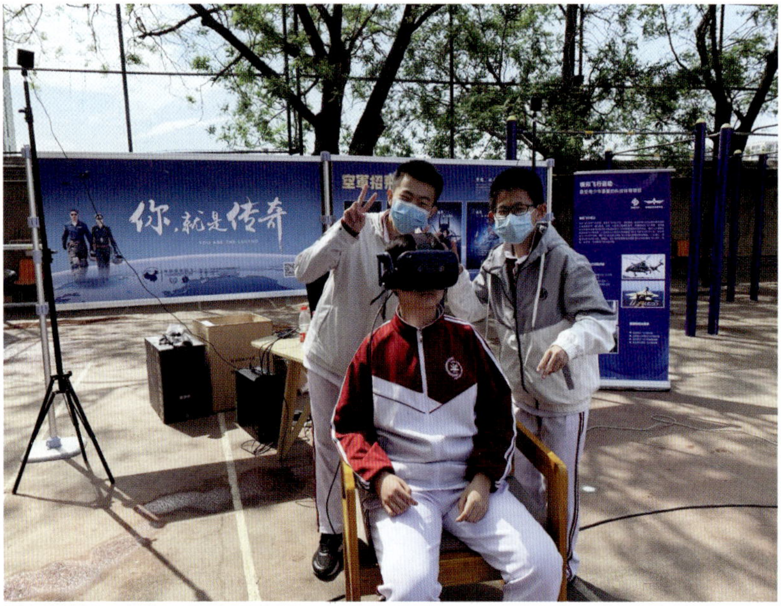

空军招飞现场

2023 年全国青少年模拟飞行锦标赛总决赛空军代表致辞中指出，模拟飞行检测是空军招收飞行学员心理选拔工作中一项重要内容。将飞行仿真技术直接用于空军飞行职业选拔，提前对选拔对象进行预估性检测，并与现有检测手段相结合，形成较为完善的飞行综合能力评估系统。采取预先地面教育、飞行专家带教等方法，运用心理测量技术，通过模拟飞行参数客观量化指标和飞行专家带飞观察双重评价模式对考生飞行潜质进行评定，主要检测考生模拟飞行任务环境下的操控能力、模仿能力、注意力分配和个性心理特征等方面。重点对考生的注意能力、接受模仿、理解记忆、杆舵协调、操纵控制、情绪变化、思维方式、决断能力、决策能力、反应控制能力、空间定向能力、意志品质等方面的检测考核。通过跟踪统计，模拟飞行检测成绩高的学生，其他两个项目的检测和专家面试考核成绩同样相对较高，成绩基本对应。模拟飞行对飞行人才前置培养和飞行潜能早期发现有着重大意义。

大力推动模拟飞行教育活动开展，提高青少年航空素养，以兴趣为引领，厚植未来航空人才、飞行人才的培养沃土，努力激发青少年好奇心、想象力、探索欲，是助力建设航空强国的基础性工程，具有十分重要的现实意义。

随着航空工业的迅速崛起，对飞行人才的需求越来越大。然而，传统的飞行训练方式受限于多种因素，无法满足当前的人才需求。因此，模拟飞行教育作为培养航空人才的新路径，正逐渐受到广泛地关注和应用。

模拟飞行教育借助先进的计算机技术，模拟真实的飞行环境，使学生在安全、经济的环境中进行飞行训练和学习。这种教育方式不仅可以降低训练成本和风险，还可以根据学生的个性化需求和能力水平进行定制化的教学，提高教育效果。

与航空相关的职业有200多种，我国开设飞行员专业的大学有30多所，其中军事类航空院校有空军航空大学、海军航空大学等。随着中国空军第五代战斗机的问世，国产航空装备制造、高精尖飞行人才培养将成为热点，为青少年在航空领域的升学就业提供广阔前景。

在此过程中，青少年需要养成良好的生活习惯和饮食习惯，并积极参与体育锻炼。同时，要认真学习航空知识，积极参加各种航空活动，以提高自身的综合素质和竞争力。

在模拟飞行项目中，身体素质无疑是关键因素之一。对于飞行人才而言，强健的体魄不仅仅是基本要求，更是保证飞行安全和高效完成任务的重要前提。在推广模拟飞行项目时，我们应着重强调身体素质的重要性，并指导学员如何进行科学有效的身体锻炼和健康管理。

身体素质不仅关乎个体的健康状况，更直接影响到飞行表现和安全。一名优秀的飞行人才必须具备出色的耐力、力量、柔韧性以及反应能力。这些身体素质要素在模拟飞行项目中同样适用，因为它们是完成高难度飞行技巧和应对紧急情况的基础。

为了培养出具备优秀身体素质的飞行人才，我们需要制定科学合理的锻炼计划。这包括有氧运动、力量训练、柔韧性练习以及反应能力训练等多个方面。通过系统性地锻炼，学员可以逐步提升自己的身体素质，为未来的飞行做好充分准备。

除了身体锻炼，健康管理也是身体素质培养的重要一环。学员需要养成良好的生活习惯，保持合理的饮食和充足的休息，以维持身体健康和预防疲劳。此外，定期进行身体检查和健康评估也是保持飞行学员身体素质的重要措施。

通过科学合理地锻炼和健康管理，我们可以培养出具备优秀身体素质的飞行人才，为未来的飞行安全和高效完成任务提供有力保障。

一、眼睛的保护

1. 科学使用眼睛

保持正确的读写姿势，做到“一拳一尺一寸”，即眼睛距离书本一尺（约33 厘米），躯干距离书桌一拳（6—7 厘米），握笔的指尖距离笔尖一寸（约3 厘米），坐姿端正，不在行走、坐车或者躺卧时阅读。避免过长时间使用电子设备或近距离的书本阅读，应在近距离用眼 20—30 分钟时进行休息，休息时远眺（6 米外）至少 20 秒（推荐 2—3 分钟），可起到放松眼部肌肉的作用，减轻视疲劳。

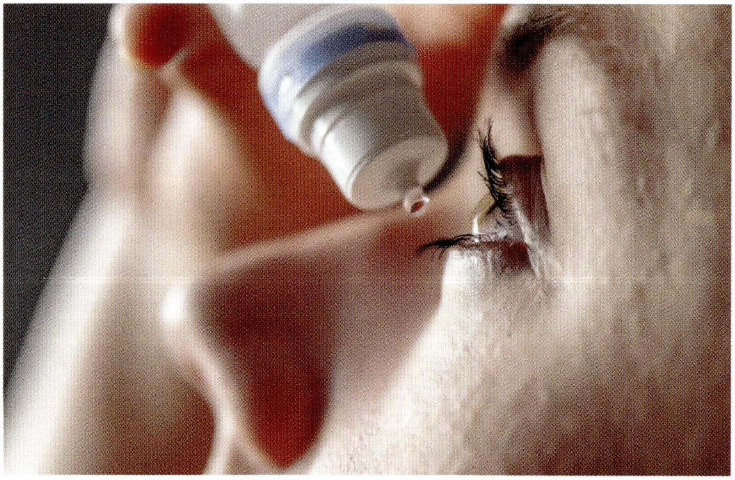

2. 增加户外活动时间

在户外自然光照下，进行不限形式的户外活动，保证每天至少 2 小时，充分利用课间时间，可多次累计进行。远视储备较低的学生需保证更多的户外活动时间。

3. 做好眼保健操

每天上下午各做 1 次眼保健操，做操之前应注意保持手部清洁卫生，做操时要注意力集中，闭眼，认真、正确地按揉穴位等。

4. 加强眼部防护

不玩锋利或尖锐的锥、棒，使用此类用品时要注意安全，尤其不要用其开玩笑。不要徒手放鞭炮，不要近距离观看正在燃放的爆竹。通过有颗粒状物质飞溅的区域应眯上眼睛，必要时应戴眼镜或眼罩。如有异物进入眼睛时，不要用手乱揉眼球，以免异物擦伤角膜，应及时报告，进行合适的就诊处理。

5. 不得乱用眼药

眼睛发生疾病应及早就医，使用任何药物都要谨遵医嘱。不可随便去买药或用别人剩下的药水。

6. 保证教室照明条件

采用全光谱照明，提高亮度，降低频闪，维持教室课桌面的平均照度值不应低于 300 勒克斯，黑板面平均照度值不应低于 500 勒克斯。

教室照明

7. 重视饮食平衡

合理膳食，多食用绿色蔬菜和高蛋白类的食物，降低高油脂类食物及油炸类食物的摄入。

饮食平衡

8. 定期监测视力，建立发育档案

利用空军招飞视力表每月检测一次视力，如发现视力下降，及时向校医或队干部报告。每半年进行眼轴等眼球生物信息监测，建立发育档案，以便对近视高风险学生采取个性化监测和督导防控。

监测视力

二、外科保健

1. 注意控制体重

体重的控制，主要在个人，生活中要做到“管住嘴、迈开腿”。饮食上要合理膳食，避免暴饮暴食，减少碳水化合物及脂肪类食物摄入量，少吃零食，慎食高糖、高脂类食物；运动上要以持续有氧运动为主，如慢跑、游泳等，强度不宜过大，时间不能太短。

2. 积极体能锻炼

好的体能是参加军事训练的基础，也是对个人健康成长的有益辅助。高中阶段，应逐步增加长跑耐力，适当进行力量训练（举重、下蹲），不断提高体能储备。

加强体育锻炼

3. 重视脊柱保护

避免弯腰驼背、错误地坐姿，避免长期低头看书，学习一段时间后，应适当站起来放松或进行室外活动。每天数次缓慢屈伸、旋转颈部运动，以加强颈背肌肉、缓解颈部疲劳。尽量睡硬板床，选择低而柔软枕头。选择合适的运动鞋，避免单肩背书包，避免风扇、空调直接吹向颈部。

4. 注意肛周和生殖系统卫生

建立良好的饮食起居和排便习惯，多食蔬菜、多饮水，避免久坐久站，勤洗会阴、生殖器和肛周，如感觉不适要及时就医。

三、耳保健

1. 不要随意挖耳

挖耳容易损伤外耳道引起感染发炎，不小心还会戳穿鼓膜，影响听力，甚至造成耳聋。如果耵聍太多引起耳道栓塞，影响听力，可用脱脂棉签，轻轻在外耳道不深的地方捻卷将其清除，如不能奏效，可请医生处理。

2. 异物进入耳内要妥善处理

异物进入耳内时，不要过分紧张，即使是虫子进入，因为有鼓膜阻拦只能在外耳道内骚扰，不会有大的危险，只要设法将其取出即可。取出耳内异物动作要轻柔，最好请医生处理。

3. 防止听力损失

在噪声环境中工作时要用耳塞、棉花塞耳，以减少噪声的危害。乘坐飞机因气压变化，耳内有压力感时，应做吞咽动作或捏鼻鼓气，防止发生气压性中耳炎。听音乐时音量要适宜，尽量不要长时间使用耳机，防止发生听力损伤。

4. 游泳时的耳保护

耳有炎症、耵聍栓塞、中耳炎、鼓膜穿孔时不宜游泳。耳内进水后，应迅速上岸，将头偏向进水一侧，用手将耳朵向后方提拉，在原地用一只脚跳动，水便可流出。也可用脱脂棉签轻轻放入耳道内将水吸干。

5. 及时诊治耳病

中耳炎、耳鸣、耳痛、听力下降时要及时就医查治。鼻和咽部炎症，外耳道疖肿要及时就医，以防病菌扩散引起中耳炎。

四、鼻保健

1. 挖鼻孔是坏习惯

在鼻孔前部有丰富的血管和很薄的黏膜，如经常挖鼻孔，可能损伤鼻黏膜和血管，使之发炎、出血。习惯性挖鼻孔会扩大鼻孔，挤压鼻中隔，使其变形和压偏，从而改变鼻子的形态，影响外观和鼻的通气功能。

2. 拔鼻毛不可取

鼻毛可以阻挡空气中的灰尘和其他异物进入呼吸道。拔掉鼻毛后留下的伤口，容易感染化脓。

3. 用力擤鼻涕坏处多

有鼻涕时应用手帕或卫生纸轻轻擦掉，不要用力去擤。用力擤鼻涕容易引起鼻腔血管破裂出血。并引起中耳炎、泪囊炎、鼻窦炎。

4. 保持鼻腔湿润，及时治疗鼻腔疾病

气候干燥时，应在室内洒水，有条件的可用加湿器，防止鼻腔干燥。出现鼻出血、鼻涕中带血、流大量脓性鼻涕等症状要及时就医治疗。

5. 慎重对待鼻周围的感染

鼻周围的疖子绝不要用手挤或者用针挑，不然将加速细菌的扩散和毒素的吸收。“青春痘”是青春期的正常生理现象，不要因为影响面容而挑、挤或乱用药。

五、咽喉部保健

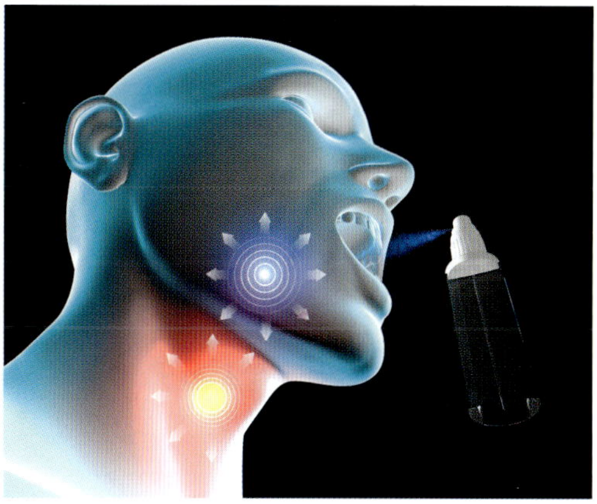

吸烟、酗酒不利于身体健康。香烟中的有毒物质通过咽喉部对其黏膜、小血管有刺激作用，反复刺激会引起咽后壁增生增厚，血管收缩。酒精对咽喉的刺激也比较大，容易引起慢性咽喉炎。

提高抵抗力，防止上呼吸道感染。人体抵抗力下降，可引起上呼吸道炎症，会出现咽痛，咽后壁、咽黏膜和悬雍垂充血、水肿及扁桃体肿大、化脓，甚至声音嘶哑。要根据气候的变化增添衣服，防止着凉、感冒。平时多饮开水、茶水可以对咽喉部直接起到冲洗与热疗的作用，可以加速局部新陈代谢，保护嗓子。

及时治疗咽喉部疾病。患有急性扁桃体炎与喉炎要及时治疗，以防止发展为慢性炎症，影响声带发音。

睡觉时要养成用鼻呼吸及右侧卧位姿态睡眠习惯，最好不要仰卧，避免造成用嘴呼吸的不良习惯。

六、口腔保健

1. 养成良好的刷牙习惯

最好是每顿饭后都刷牙，一般在饭后3分钟进行，刷牙时间不少于3分钟。至少应做到早、晚刷牙，饭后漱口。

养成良好的刷牙习惯

2. 掌握科学的刷牙方法

要使用毛质不太硬、毛束不太密、牙刷头不太大的保健牙刷。不要与他人合用牙刷，同时要定期更换牙刷。正确的刷牙方法是直刷法，即顺着牙缝上下刷，咬合面来回刷。刷上牙时先把牙刷毛尖向上，刷毛贴在牙龈上，然后将刷尖向内转动，再从上向下刷。刷下牙时则方向相反。刷牙要把牙的外面、里面和咬合面都刷到。

3. 加强牙齿保养

及时清除牙结石，必要时可请牙科医生用器械刮除，防止引起牙龈炎和出血。不要用牙签剔牙，使用牙签剔牙容易造成牙龈损伤和引起牙周围组织疾病。

4. 重视口臭预防

坚持刷牙，保持口腔清洁。及时治疗口腔、牙齿和呼吸系统疾病。吃易消化的食物，睡前不吃零食，少吃臭豆腐、生葱、大蒜，不吸烟、不饮酒。

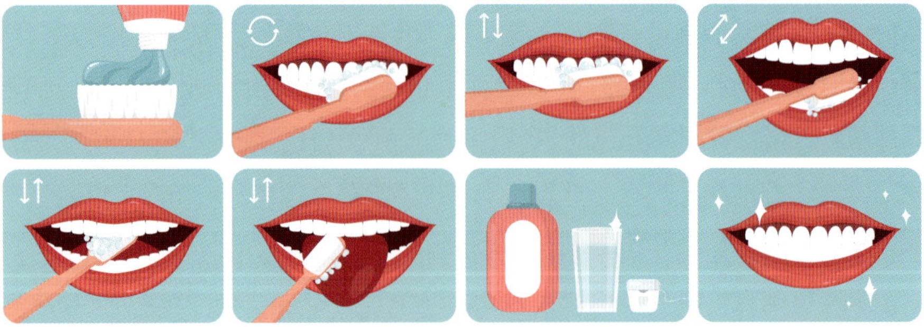

正确的刷牙过程

七、饮食营养与安全

1. 不偏食

中学生正处于生长发育的第二阶段，且体力和脑力运用均处于高峰期，必须有充足的膳食营养，才能保证正常生理发育活动和紧张思维活动的需要。饮食中做到主副食搭配、荤素搭配、粗细粮搭配，保证蛋白质、脂肪、糖、维生素、无机盐和水等六大营养素的平衡。

2. 养成正确的饮食习惯

养成一日三餐按时就餐的好习惯，早饭吃好、午饭吃饱、晚饭吃少，不暴饮暴食，不狼吞虎咽，不食用过辣、过酸等刺激性较强的食物，饭后不要立即做剧烈运动。

3. 避免不健康饮食引起的疾病

少吃咸的食物，避免引起高血压；少吃高脂、高糖食物，避免引起高血脂、高血糖；多吃奶类、豆类食物，多晒太阳，避免骨软化、钙流失；多吃水果、蔬菜，避免维生素缺乏。

4. 防止体重过轻或过重

经常测量体重，自身体重应控制在标准体重的85%—120%。

5. 注意饮食卫生

饭前便后洗手，不吃不洁净食物，不喝生水，不到卫生条件差的饭馆和个体食品摊点就餐，不买无包装的食品直接入口。

八、心理保健

1. 了解自身特点，培养自我认识能力

每个人身上都有优点和不足，只有看到自己的长处，才能培养乐观健全的个性。即使对成年人来说，正确认识自我也并非易事，所以要懂得客观评价自己，有明确的生活目标，不苛求自己去做难以完成的事情，这样才能在快乐的情绪中循序渐进、健康成长。

2. 学会倾听表达，培养人际交往能力

认真倾听他人的谈话和意见，使用恰当的语言同他人交流和沟通思想，

这种“听”和“说”的技能是人际交往的重要环节。在与人交往时，既要恰当运用言语和非言语进行自我表达，也要采取克己让人、和睦宽容的态度，在彼此支持和鼓励中健康成长。

3. 认识自身情绪，培养缓解压力能力

情绪失衡会造成许多烦恼和冲突，长期情绪压抑是精神疾病的基础。要学会缓解精神压力，对情绪压抑的事情学会适当宣泄和放松，保持心理平衡和良好心态，不仅心情上得到愉悦，遇到困难时才有能力冷静处理。

4. 理解支持他人，培养换位思考能力

与人交往时将心比心，设身处地站在对方立场和角度换位思考问题。帮助和支持他人是一种付出，但从付出中获得了快乐，是培养自身乐群性品质极其重要的环节。

5. 有效解决处置，培养问题应对能力

主动讨论、协商、探索、尝试解决问题能力和应对技巧，认识问题出现和存在的客观性。主动适应环境，尽快从问题中解脱出来，在解决问题中得到成长和锻炼。

6. 避免攻击言行，培养严格自律能力

冲动引起的攻击性行为，如果得不到有效矫正和制止，发展下去不仅对他人是一种伤害，对自己更有可能遗憾终生。要学会培养严格自律能力，不为自己利益而火冒三丈，学会用和平的方法替代攻击性行为，是健康心理素质养成的基本要求。

九、运动保护

1. 运动要充分准备、循序渐进、内容全面

运动前，人体功能活动处于平静状态，突然剧烈运动容易导致自主神经功能紊乱，甚至发生晕厥。所以，运动要充分做好准备活动，按照加量——适应——再加量——再适应的规律，循序渐进加大运动量。全面运动不仅指全身部位的运动，更重要的是必须包括各种不同性质的运动，例如针对速度的短跑、针对耐力的长跑、针对灵巧的跳跃等。全面运动可以保证身体素质平衡、全面发展。

2. 剧烈运动后不要立即停止活动

剧烈运动时，下肢血流量增加，肌肉收缩挤压血管，促进血液返回心脏。突然停止运动，肌肉收缩停止，下肢大量血液积聚，回心血量减少，导致心排血量突然减少，容易发生急性脑部缺血，出现重力性休克。因此，剧烈运动后，应结合深呼吸慢跑一阵后，再走一走，然后再停下来。

3. 运动后不要立即冷水浴

运动使身体新陈代谢增强、体温升高，运动后立即冷水浴，体温会迅速下降，身体抵抗力会因此减弱，容易发生感冒、关节痛。另外，运动后扩张的皮肤血管受到冷水刺激会立即收缩，加大循环阻力，增加心脏负担。所以，剧烈运动后不宜立即冷水浴，可用毛巾擦擦汗，或用温水冲洗。

4. 饭后不要剧烈运动

饭后血液大部分聚集在胃肠道，立即运动对消化器官有不利影响也妨碍食物消化吸收。另外，容易导致因血液分配不当使人感到疲乏、无力，运动效果也不好。一般体育锻炼应在饭前半小时至一小时结束，饭后一小时至一个半小时开始。

十、血压管理

1. 减轻体重

保持体重指数（BMI）在合理范围 18.5—24 千克 / 米 ^{2}。

2. 适量运动

每周运动 5 次，每次 1 小时（有氧运动和阻抗运动结合）。

3. 充足睡眠

每天夜间睡眠 8—10 小时，午休半小时。

4. 合理饮食、限制食盐

每日摄入盐不超过 6 克，血压升高者 3—4 克。少食甜、油、辛辣食物。

5. 调整心理

保持健康、轻松、乐观的心态。

6. 戒烟戒酒

青少年禁止摄入烟酒。

7. 健康宣教

了解血压升高健康管理相关知识，科学认知、认真施行健康管理措施。

十一、航空专项体能训练方法

1. 提高平衡功能耐力的体育锻炼

平衡机能不良又称为“运动病”“晕机病”，其发病因素与前庭器官、半规管以及与视觉和内脏肌肉关节等诸多因素有关。用体育锻炼方法可以提高前庭器官的稳定性，协调前庭与其他感觉系统的关系，有效降低晕机病的发生率。

常用的锻炼方法有：①头、躯干倾曲，脚绕垂直轴原地旋转；②前、后、左、右摆头锻炼；③单、双杠练习；④滚轮、悬梯。

2. 提高加速度耐力的体育锻炼

加速度耐力不良，主要是由于体质差、代偿能力不强等原因，当加速度产生时，出现回心血量减少、脑供血不足等引起。提高加速度耐力总的目标，是提高心肺功能及骨骼肌的紧张度，加强心血管系统的代偿反应能力、增强个人力量。

常用的锻炼方法有：①有氧训练，如长跑、长距离游泳、固定功率骑自行车等；②提高心血管代偿能力训练，如旋梯、滚轮、百米加速跑；③力量训练，如仰卧起坐、仰卧推举、俯卧撑、杠铃等。

十二、空军招飞医学选拔基本标准介绍

按照现行招飞体检标准，汇总整理以下几类主要内容，供学生自我测量评定参考。

1. 身高、体重

男生身高在165—185 cm之间，体重在52 kg以上；录取时未满18周岁的，身高可放宽至164 cm以上，体重可放宽至50 kg以上。体型匀称，体重一般应在标准体重的85%—130%内［标准体重（kg）= 身高（cm）−110］。

2. 皮肤、瘢痕

不得有以下情况：慢性、难以治愈的皮肤病，暴露部位、有发展趋势的

白癜风，面积较大的斑秃、色素痣，重度腋臭，瘢痕体质、影响功能或容貌的瘢痕。

3. 血压、脉搏

平静时血压值，收缩压在100—140 mmHg之间，舒张压在60—90 mmHg之间；脉搏一般在每分钟60—100次之间。

4. 脊柱、四肢

不得有以下情况：脊柱形态异常影响功能，腰椎峡部裂伴滑脱，重度扁平足、下蹲不全，明显膝内翻、膝外翻、下肢不等长等。

5. 眼科

使用空军C型视力表检查，双眼裸视分别在0.8E字表约5.0以上，无斜视和明显隐斜视，无其他影响视力、视功能的眼科疾病或病变，未做过视力矫正手术，未佩戴过角膜塑性镜。

6. 耳鼻喉科

无经常性耳鸣或听力减退，耳气压功能良好，前庭功能（转椅检查）无明显异常，无严重鼻中隔偏曲、反鼻出血、慢性鼻炎、慢性鼻窦炎、鼻息肉，无影响面容和咀嚼功能的牙齿疾患、牙畸形。

7. 辅助检查

平静时心电图及运动后心电图无异常，腹部超声和心脏彩超检查无异常，无传染性疾病，血、尿常规检查、肝功能检查无异常。

8. 疾病和手术史

不得有以下情况：颅骨骨折病史、颅内手术史，胸腔、腹腔器官手术史（阑尾炎、腹外疝等手术除外），脊柱损伤病史，慢性腰腿痛、各类结核病、心脏病、风湿病、病毒性肝炎疾病史，内分泌、结缔组织和免疫系统疾病史，昏迷史，癫痫病、精神病史及家族史等。

第九章 越飞越强大

作为一种新兴的数字网络运动，
模拟飞行以其独特的定义与特点，
正逐渐成为青少年身心塑造的重要载体。

模拟飞行运动通过高度仿真的飞行环境，
让参与者仿佛置身于真实的驾驶舱中，
体验飞行的乐趣与挑战。

这种运动不仅具有高度的真实感和沉浸感，
还能让青少年在虚拟世界中感受到飞行的魅力，
从而激发他们对航空领域的兴趣和热爱。

一、模拟飞行运动概述

1. 定义与特点

模拟飞行，作为一种新兴的数字网络运动，以其独特的定义与特点，正逐渐成为青少年身心塑造的重要载体。模拟飞行运动通过高度仿真的飞行环境，让参与者仿佛置身于真实的驾驶舱中，体验飞行的乐趣与挑战。这种运动不仅具有高度的真实感和沉浸感，还能让青少年在虚拟世界中感受到飞行的魅力，从而激发他们对航空领域的兴趣和热爱。

模拟飞行的特点之一在于其高度的互动性和参与性。青少年可以通过模拟飞行软件，与各地的飞行爱好者进行互动，分享飞行经验，交流飞行技巧。这种互动不仅有助于提升青少年的社交能力，还能让他们在交流中不断成长和进步。此外，模拟飞行还具有丰富的任务和挑战，让青少年在完成任务的过程中，不断提升自己的飞行技能和解决问题的能力。

模拟飞行操作体验

据统计，近年来参与模拟飞行的青少年数量呈现出快速增长的趋势。越来越多的青少年通过模拟飞行运动，不仅锻炼了自己的身心素质，还培养了对航空领域的兴趣和热爱。一些优秀的青少年飞行爱好者甚至通过模拟飞行运动获得了进入专业航空院校深造的机会，为未来的航空事业奠定了坚实的基础。

正如著名教育家陶行知先生所言："教育是人类社会进步的重要基石。"

模拟飞行运动作为一种创新的教育方式，不仅为青少年提供了一个全新的学习和成长平台，还为他们打开了一扇通往航空领域的大门。通过模拟飞行运动，青少年可以更加深入地了解航空知识，感受飞行的魅力，从而激发他们对科学探索和创新精神的追求。

2. 青少年参与现状

近年来，模拟飞行运动在青少年群体中逐渐兴起，成为一项备受追捧的健康数字网络运动。越来越多的青少年开始接触并参与到模拟飞行运动中，他们通过模拟飞行，在虚拟的空中世界中驾驶飞机，体验飞行的乐趣和挑战。

全国青少年模拟飞行锦标赛为教育部白名单赛事，学校和教育机构已经将模拟飞行纳入课程体系，通过组织模拟飞行比赛、开设相关课程等方式，引导学生积极参与。这些活动不仅提升了学生的科技素养和创新能力，还为他们提供了一个展示自我、锻炼能力的平台。青少年则通过训练和在交流，不断提升自己的模拟飞行技能，参与各种线上线下的模拟飞行活动。

全国青少年模拟飞行锦标赛

分析青少年参与模拟飞行运动的原因，可以发现其背后蕴含着多方面的价值。首先，模拟飞行运动为青少年提供了一个安全、可控的飞行体验环境，让他们能够在不承担实际风险的情况下，感受到飞行的魅力和挑战；其次，模拟飞行运动有助于培养青少年的自信心和自我认知，通过不断挑战自我、突破自我，他们能够在模拟飞行的过程中发现自己的潜力和价值。此外，模拟飞行运动还能够激发青少年的探索精神和创新思维，让他们在解决问题的过程中不断尝试新的方法和思路。

然而，青少年参与模拟飞行运动也面临着一些挑战和限制。例如，一些青少年可能缺乏足够的自律性和耐心，难以在模拟飞行训练中保持持久的兴趣和动力。此外，一些家长和教育工作者可能对模拟飞行运动的价值和意义认识不足，缺乏必要的支持和引导。因此，我们需要进一步加强对模拟飞行运动的宣传和推广，提高社会对其的认知度和认可度，为青少年参与模拟飞行运动创造更加良好的环境和条件。

综上所述，青少年参与模拟飞行运动的现状呈现出积极向好的趋势，但也存在一些需要改进和完善的方面。我们应该充分利用模拟飞行运动的优势和特点，为青少年提供更多的参与机会和平台，让他们在模拟飞行的过程中不断成长和进步。

二、模拟飞行对青少年心理发展的帮助

1. 提升自信心与自我认知

（1）模拟飞行挑战中的成功体验与自信心的建立

在模拟飞行挑战中，青少年通过克服各种困难，成功完成飞行任务，从而建立起自信心。这种成功体验不仅是对他们技能的一种肯定，更是对他们心理成长的一种促进。以一项针对青少年的模拟飞行训练为例，参与者在经过数周的严格训练后，成功完成了模拟飞行任务，其中 90% 的参与者表示，这次成功体验让他们对自己的能力有了更深刻的认识，自信心也得到了显著提升。

成功体验对自信心的建立具有深远的影响。在模拟飞行中，每一次成功地起飞、降落或完成复杂飞行动作，都是对青少年技能的一次检验和肯定。这种肯定能够激发他们的内在动力，让他们更加积极地投入到后续的飞行训练中。同时，成功体验还能够增强青少年的自我效能感，使他们更加相信自己的能力和潜力。

此外，模拟飞行挑战中的成功体验还能够促进青少年的自我认知。通过不断尝试和突破，青少年能够更清楚地认识到自己的优点和不足，从而有针对性地进行改进和提升。这种自我认知的深化不仅有助于他们在学习和训练中取得更好的成绩，更能够为他们未来的成长和发展奠定坚实的基础。

正如著名心理学家阿尔弗雷德·阿德勒所言：“成功体验是建立自信心的

基石。”模拟飞行挑战为青少年提供了一个展示自我、挑战自我的平台，让他们能够在实践中不断积累成功体验，进而建立起坚实的自信心。这种自信心将成为他们未来面对各种挑战和困难时的有力武器，帮助他们勇往直前、不断超越自我。

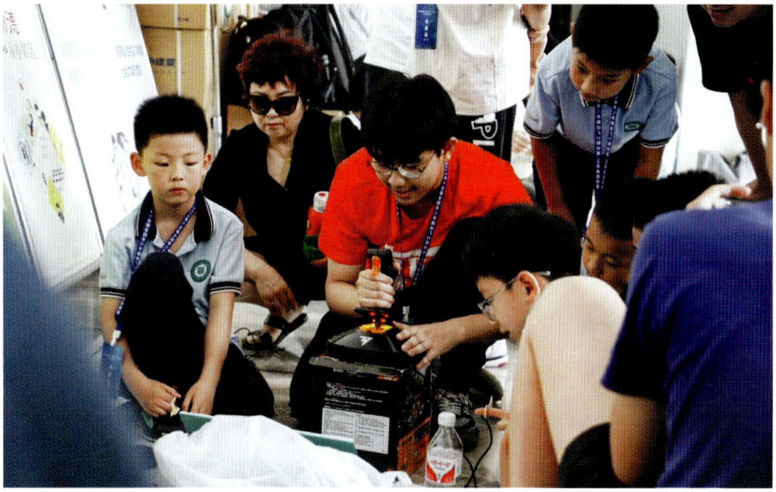

模拟飞行比赛现场

（2）模拟飞行中的技能进阶与自我肯定

在模拟飞行中，青少年通过不断挑战自我，实现技能进阶，进而获得自我肯定。这种肯定不仅来自完成任务的成功体验，更来自技能提升所带来的成就感。以青少年模拟飞行爱好者为例，他们在初次接触模拟飞行时，只能完成简单的起飞和降落任务。然而，通过不断练习和摸索，他们逐渐掌握了复杂的飞行技巧，如空中盘旋、低空飞行等。在一次模拟飞行比赛中，他们成功完成了高难度的飞行任务，获得了优异的成绩。这次成功的体验让他们对自己的飞行技能充满了信心，也让他们更加热爱模拟飞行这项运动，为以后航空航天兴趣及发展奠定了坚实的基础。

模拟飞行中的技能进阶与自我肯定是一个相互促进的过程。随着技能的提升，青少年会面临更高难度的挑战，这些挑战会激发他们的探索欲望和求知欲。同时，通过不断克服挑战，青少年会获得更多的成功体验，进而增强自信心和自我价值感。这种正向反馈循环会推动青少年在模拟飞行中不断进步，实现自我超越。

模拟飞行选拔赛

此外，模拟飞行中的技能进阶与自我肯定还有助于培养青少年的科学探索精神和创新思维。在模拟飞行中，青少年需要运用科学知识解决实际问题，这种过程会锻炼他们的逻辑思维和解决问题的能力。同时，面对未知的飞行环境和挑战，青少年需要发挥创新思维，寻找新的解决方案。这种探索和创新的过程会激发他们的创造力和想象力，为未来的科学研究和创新活动奠定坚实的基础。

综上所述，模拟飞行中的技能进阶与自我肯定对青少年的心理成长和综合素质提升具有重要意义。通过模拟飞行这项运动，青少年可以不断提升自己的飞行技能，增强自信心和自我价值感，同时培养科学探索精神和创新思维。因此，我们应该积极推广模拟飞行运动，让更多的青少年参与其中，享受飞行的乐趣和挑战。

（3）青少年在模拟飞行中的自我突破与心理成长

在模拟飞行中，青少年们常常面临着各种挑战，这些挑战不仅考验着他们的理论及技能水平，更在无形中推动着他们的心理成长和自我突破。一项针对青少年模拟飞行爱好者的调查显示，参与者在完成复杂飞行任务后，表示自己的自信心得到了显著提升。这种自信心的提升并非空穴来风，而是源于他们在模拟飞行中一次次克服困难、突破自我的经历。

例如，在第一次训练模拟发动机失效返场着陆的任务中，一名青少年飞行员需要在极短的时间内做出正确的判断和决策。起初，他感到十分紧张，甚至出现了操作失误。然而，在教练的鼓励和引导下，他逐渐冷静下来，仔细分析任务要求，最终成功完成了紧急着陆。这次经历让他深刻体会到了自我突破的重要性，也让他更加明白在面对挑战时，保持冷静和自信是成功的关键。

模拟飞行中的自我突破与心理成长还体现在青少年对自我价值的认知上。通过不断挑战自我、超越自我，他们逐渐认识到自己的潜力和能力所在。这种自我认知的深化不仅有助于提升他们的自信心和自我效能感，还能激发他们更加积极地面对未来的挑战和机遇。

模拟飞行训练

（4）飞行任务的完成与青少年自我价值的提升

飞行任务的完成对于青少年自我价值的提升具有显著影响。在模拟飞行中，青少年通过不断挑战自我，完成各种复杂的飞行任务，不仅锻炼了技能，更在过程中实现了自我价值的提升。他们对自己的能力有了更清晰地认知，自信心也得到了显著提升。

从心理学角度来看，飞行任务的完成有助于青少年建立积极的自我认知。在完成任务的过程中，青少年需要不断克服困难、调整策略，这些经历让他们更加了解自己的优点和不足，从而更加客观地评价自己。同时，飞行任务的完成也为青少年提供了展示自己能力的机会，让他们在获得他人认可的过程中进一步提升自我价值感。

此外，模拟飞行中的反馈机制也为青少年自我价值的提升提供了有力支持。在完成任务后，青少年可以通过数据分析系统了解自己的表现情况，从而有针对性地改进和提升。这种及时的反馈不仅有助于青少年更好地掌握技能，还能让他们更加清晰地认识到自己的成长和进步，进一步增强自我价值感。

全国青少年模拟飞行锦标赛总决赛闭幕式

综上所述，飞行任务的完成对于青少年自我价值的提升具有重要意义。通过模拟飞行这一健康数字网络运动，青少年可以在挑战与成长中不断提升自我价值感，为未来的发展奠定坚实的基础。

2. 培养专注力与耐心

（1）模拟飞行训练中的专注力培养

在模拟飞行训练中，专注力锻炼是至关重要的一环。通过模拟飞行训练，青少年需要在复杂的飞行环境中保持高度集中的注意力，以应对各种突发情况和挑战。这种训练方式不仅有助于提升青少年的专注力水平，还能培养他们的耐心和毅力。

参与训练的人员在模拟飞行中，青少年需要时刻关注六大飞行仪表、航线规划、天气变化等多个方面，并做出正确的摇杆的操作动作。这种多任务处理的能力使专注力锻炼得以提升。同时，模拟飞行训练中的复杂任务也要求青少年保持持久的耐心，不断尝试和调整，直到完成任务。

青少年模拟飞行的一名爱好者反映，他在接受模拟飞行训练后，不仅在飞行技能上取得了显著进步，更重要的是，他的专注力得到了极大提升。在日常生活和学习中，他能够更加专注于任务，减少分心现象，从而提高了学习效率和成绩。这一案例充分说明了模拟飞行训练在专注力锻炼方面的积极作用。

此外，模拟飞行训练中的专注力锻炼还有助于培养青少年的自律和自我管理能力。在飞行训练中，青少年需要自觉遵守飞行规则，合理安排训练时间，这种自我约束和规划的能力对于他们的成长和发展具有重要意义。通过模拟飞行训练，青少年可以学会如何在复杂环境中保持冷静和专注，这对于他们未来的职业发展和人生规划都具有积极的推动作用。

模拟飞行训练中的专注力锻炼对于青少年的成长和发展具有重要意义。通过模拟飞行训练，青少年可以提升专注力水平，培养耐心和毅力，提高自我管理和自律能力。这些能力的提升将有助于他们在未来的学习和生活中更好地应对挑战和机遇。

模拟飞行训练

（2）通过复杂任务培养青少年的耐心

在模拟飞行运动中，复杂任务的设计对于培养青少年的耐心至关重要。通过设定一系列具有挑战性的任务，如长距离飞行、复杂天气条件下的飞行操作等，青少年需要在模拟环境中反复尝试、不断调整，才能逐步掌握飞行技巧，完成任务。这种过程不仅考验青少年的技能水平，更考验他们的耐心和毅力。

以一项长距离飞行任务为例，青少年需要在模拟飞行中保持高度集中，不断调整飞行姿态和速度，以应对各种突发情况。在这个过程中，他们可能会遇到多次失败和挫折，但正是这些挑战促使他们不断反思、总结经验，逐渐提升飞行技能。通过反复尝试和不断调整，青少年最终成功完成任务的那一刻，他们的耐心和毅力得到了极大的锻炼和提升。

此外，模拟飞行运动中的复杂任务还有助于培养青少年的时间管理能力。在完成任务的过程中，青少年需要合理安排时间，确保在规定的时间内完成飞行任务。这种时间管理能力的锻炼不仅有助于提升他们的学习效率，还能让他们在未来的生活和工作中更加从容应对各种挑战。

正如著名教育家苏霍姆林斯基所说:“耐心是一切聪明才智的基础。”模拟飞行运动通过复杂任务的设置，为青少年提供了一个锻炼耐心的绝佳平台。在这个平台上，青少年可以不断挑战自我、突破自我，实现身心的健康成长。

3. 激发探索精神与创新思维

(1)模拟飞行中的未知挑战与青少年探索欲望的激发

在模拟飞行中，青少年面临着诸多未知挑战，这些挑战不仅考验着他们的技能水平，更激发了他们强烈的探索欲望。在模拟飞行中遇到未知挑战时，他们会感到兴奋和好奇，并愿意投入更多时间和精力去解决问题。这种探索欲望的激发，不仅有助于提升青少年的学习兴趣和主动性，还能培养他们的创新思维和解决问题的能力。

在模拟飞行训练中，青少年可能会遇到复杂的飞行环境、突发的天气变化或机械故障等挑战。面对这些未知情况，他们需要迅速分析、判断并作出正确的决策。在这个过程中，青少年会不断尝试新的方法、探索新的路径，从而不断提升自己的技能水平和应对能力。这种探索和挑战的过程，正是模拟飞行对青少年探索欲望激发的生动体现。

模拟飞行社团招生现场

此外，模拟飞行中的未知挑战还能激发青少年的创新思维。在面对复杂问题时，青少年需要运用所学知识进行综合分析，并尝试提出新的解决方案。这种创新思维的培养，不仅有助于他们在模拟飞行中取得更好的成绩，还能为他们在未来的学习和生活中提供更多的可能性。

正如著名教育家陶行知先生所言："处处是创造之地，天天是创造之时，人人是创造之人。"模拟飞行为青少年提供了一个充满未知和挑战的创造空间，让他们在探索中不断成长、在挑战中不断超越自我。因此，我们应该积极推广模拟飞行运动，让更多的青少年能够体验到其中的乐趣和价值。

（2）创新思维在模拟飞行任务解决中的培养

在模拟飞行任务解决中，创新思维的培养显得尤为重要。青少年在模拟飞行过程中，不仅需要掌握基本的飞行技能，还需要学会运用创新思维解决各种突发状况和复杂任务。据研究表明，通过模拟飞行训练，青少年的创新思维能力得到了显著提升。

以一项模拟飞行任务为例，青少年需要在限定时间内完成一系列复杂的飞行动作和导航任务。在这个过程中，他们不仅需要熟练掌握飞行技巧，还需要灵活运用创新思维，寻找最优的飞行路径和解决方案。通过不断尝试和调整，他们最终成功完成了任务，不仅提升了飞行技能，也锻炼了创新思维。

此外，模拟飞行中的创新思维培养还可以借鉴一些经典的分析模型。例如，青少年可以运用"头脑风暴"法，在团队中集思广益，共同寻找解决问题的新思路和新方法。这种方式不仅可以激发青少年的创新思维，还可以培养他们的团队合作精神和沟通能力。

正如爱因斯坦所说："想象力比知识更重要。"在模拟飞行任务解决中，创新思维的培养正是对青少年想象力的激发和拓展。通过模拟飞行训练，青少年可以学会从不同角度思考问题，寻找新的解决方案，从而培养出更加全面和深入的思维能力。

（3）青少年在模拟飞行中自主发现问题与解决问题的能力提升

在模拟飞行中，青少年通过自主发现问题与解决问题，不仅锻炼了他们的实践能力，还培养了他们的创新思维。在模拟飞行过程中，他们学会了如何独立分析问题，并尝试通过不同的方法来解决问题。

模拟飞行中的问题解决过程，实际上是一个不断试错、反思和优化的过程。青少年们通过模拟飞行软件，可以反复尝试不同的飞行方案，观察结果，并据此调整策略。这种实践性的学习方式，使得青少年们能够更直观地理解问题，并找到有效的解决方法。同时，模拟飞行中的反馈机制也为他们提供了宝贵的参考信息，帮助他们不断完善自己的技能。

此外，模拟飞行还鼓励青少年们进行跨学科的思考。在解决问题的过程中，他们可能需要运用物理、数学、地理等多学科的知识。这种跨学科的学习方式，不仅拓宽了他们的知识视野，还培养了他们的综合素质。正如著名教育家陶行知先生所言："教育不能创造什么，但它能启发儿童创造力以从事于创造工作。"模拟飞行正是这样一个能够启发青少年创造力的平台。

（4）模拟飞行情境对青少年创新思维启发的探讨

模拟飞行情境为青少年提供了一个充满挑战与未知的探索空间，极大地激发了他们的创新思维。在模拟飞行中，青少年需要面对各种复杂的飞行环境和突发状况，这要求他们必须运用创新思维来解决问题。据相关研究表明，参与模拟飞行的青少年在创新思维方面的表现明显优于未参与者。他们更善于发现问题、分析问题，并提出具有创新性的解决方案。此外，模拟飞行中的团队合作也促进了青少年之间的思维碰撞和灵感激发。在团队中，每个成员都可以提出自己的想法和观点，通过讨论和交流，形成更具创新性的解决方案。

爱因斯坦曾言："想象力比知识更为重要。"模拟飞行情境正是为青少年提供了一个发挥想象力的舞台。在这个舞台上，他们可以尽情想象、大胆尝试，通过不断实践和创新，不断提升自己的创新思维能力和解决问题的能力。因此，模拟飞行不仅是一项有趣的数字网络运动，更是一种培养青少年创新思维的有效途径。

（5）通过模拟飞行培养青少年科学探索与创新精神

模拟飞行作为一种独特的数字网络运动，为青少年提供了广阔的探索空间和创新平台。在模拟飞行中，青少年可以接触到各种复杂的飞行场景和任务，这些挑战不仅激发了他们的探索欲望，还培养了他们的创新思维。据相关研究显示，参与模拟飞行的青少年在解决复杂问题时，展现出更高的创新能力和探索精神。

此外，模拟飞行还通过其高度仿真的环境，为青少年提供了一个接近真实的科学探索场景。在模拟飞行中，青少年可以亲身体验到飞行的乐趣和挑战，从而更加深入地理解飞行原理和相关科学知识。这种身临其境的体验方式，有助于激发青少年的学习兴趣和主动性，进一步促进他们的科学探索和创新思维的发展。

三、模拟飞行对青少年身体健康的促进

1. 增强身体素质与协调能力

（1）模拟飞行训练提升青少年肌肉力量

模拟飞行训练在提升青少年肌肉力量方面发挥着显著作用。通过模拟飞行器的操作，青少年需要频繁地运用手臂、手腕以及身体其他部位的肌肉，进行精准地控制和协调。这种训练方式不仅锻炼了青少年的上肢肌肉，还促进了全身肌肉的协调发展。

一项针对模拟飞行训练的研究显示，经过一段时间的模拟飞行训练后，参与者的肌肉力量得到了显著提升。其中，手臂和手腕的肌肉力量增长尤为明显，平均增幅达到了 15% 以上。这一数据充分证明了模拟飞行训练在增强青少年肌肉力量方面的有效性。

此外，模拟飞行训练还通过模拟各种飞行场景和任务，使青少年在应对不同挑战时，需要不断调整身体姿势和肌肉用力方式。这种多样化的训练方式有助于锻炼青少年的肌肉协调性和灵活性，进一步提升他们的肌肉力量。

在实际案例中，许多参与模拟飞行训练的青少年都表示，在训练过程中明显感受到了肌肉力量的增长。他们不仅在模拟飞行中表现得更加自如和稳定，还在日常生活中展现出了更强的体力和耐力。这些变化不仅提升了他们的自信心和身体素质，还为他们未来的成长和发展奠定了坚实的基础。

综上所述，模拟飞行训练通过精准地操作和多样化的挑战，有效提升了青少年的肌肉力量。这种训练方式不仅符合青少年的身心发展特点，还能够激发他们的兴趣和主动性，促进他们全面发展。

（2）协调性的锻炼在模拟飞行中的重要作用

在模拟飞行中，协调性的锻炼扮演着至关重要的角色。青少年在模拟飞行过程中，需要精准地操控飞行器的各项参数，如高度、速度、航向等，这要求他们具备出色的手眼协调能力和身体协调性。通过不断的模拟飞行训练，青少年的协调性能够得到显著提升。

一项针对模拟飞行训练的研究显示，经过一段时间的模拟飞行训练后，参与者的手眼协调能力平均提高。这一数据充分证明了模拟飞行在锻炼青少年协调性方面的有效性。此外，模拟飞行中的复杂任务要求青少年在操控飞行器的同时，还需要处理各种突发情况，这进一步锻炼了他们的身体协调性和反应能力。

此外，模拟飞行训练还可以结合其他教育手段，如跨学科融合教学，进一步提升青少年的综合素质。通过将模拟飞行与物理、数学等学科相结合，青少年可以在实践中深化对理论知识的理解，同时锻炼自己的协调性和解决问题的能力。这种综合性的教育方式有助于培养青少年的综合素质和创新能力。

模拟飞行在锻炼青少年协调性方面发挥着重要作用。通过模拟飞行训练，青少年可以提升自己的手眼协调能力和身体协调性，为未来的学习和生活奠定坚实的基础。同时，模拟飞行训练还可以结合其他教育手段，促进青少年的全面发展。

模拟飞行的跨学科融合教学

（3）青少年在模拟飞行中的体能管理与挑战

在模拟飞行中，青少年面临着体能管理与挑战的双重考验。由于模拟飞行需要长时间保持高度集中和稳定地操作，对青少年的体能提出了较高的要求。一项针对青少年模拟飞行训练的研究显示，参与者在连续飞行任务中，心率和呼吸频率均会显著上升，这要求他们具备良好的体能储备和调节能力。

为了有效管理体能，青少年在模拟飞行训练中需要掌握科学的呼吸方法和放松技巧。通过深呼吸和肌肉放松练习，他们可以在紧张的操作中保持冷静，减少不必要的能量消耗。此外，合理安排训练时间和强度也是关键。适度的训练可以提高青少年的体能水平，但过度训练则可能导致疲劳和受伤。

面对挑战，青少年需要学会在模拟飞行中合理分配体能。在复杂的飞行任务中，他们需要根据任务需求调整操作力度和频率，避免在关键时刻因体能不足而影响表现。同时，他们还需要学会在飞行间隙进行短暂的休息和恢复，为接下来的任务储备能量。

通过模拟飞行中的体能管理与挑战，青少年不仅可以提升身体素质和协调能力，还可以培养其坚韧不拔的意志和自律精神。正如著名教育家陶行知所言："滴自己的汗，吃自己的饭，自己的事自己干，靠人、靠天、靠祖上，不算是好汉。"在模拟飞行的道路上，青少年需要依靠自己的力量去克服体能上的困难，不断挑战自我、超越自我。

（4）通过模拟飞行促进青少年全身协调发展

模拟飞行作为一种独特的数字网络运动，不仅锻炼了青少年的心理素质，更在促进青少年全身协调发展方面发挥着重要作用。在模拟飞行中，青少年需要运用手眼协调、身体平衡以及肌肉力量等多方面的能力，从而实现了全身性的锻炼。据相关研究表明，参与模拟飞行的青少年在身体协调性、平衡感以及肌肉力量等方面均得到了显著提升。

此外，模拟飞行中的复杂任务和挑战也促使青少年在体能管理方面进行挑战和突破。在模拟飞行过程中，青少年需要时刻保持高度的专注和警觉，不断调整自己的姿势和动作，以适应各种飞行场景和任务需求。这种全身性的参与和投入，使得青少年的身体得到了全方位的锻炼和协调。同时，模拟飞行中的反馈机制也让青少年能够及时了解自己的表现和不足，从而有针对性地进行改进和提升。

值得一提的是，模拟飞行在促进青少年全身协调发展的同时，也符合现代教育的理念。正如著名教育家陶行知所言："要解放孩子的头脑、双手、脚、空间、时间，使他们充分得到自由的生活，从自由的生活中得到真正的教育。"模拟飞行正是通过提供一种自由、开放、富有挑战性的学习环境，让青少年在亲身参与和体验中得到了真正的教育和成长。

模拟飞行作为一种独特的数字网络运动，在促进青少年全身协调发展方面发挥着重要作用。通过模拟飞行训练，青少年不仅能够提升身体素质和协调能力，还能够培养健康的生活习惯和综合素质。因此，我们应该积极推广模拟飞行运动，让更多的青少年能够从中受益。

2. 培养健康生活习惯

（1）通过模拟飞行锻炼青少年规律作息的习惯

模拟飞行作为一种独特的数字网络运动，不仅为青少年提供了身心锻炼的平台，更在潜移默化中帮助他们养成了规律作息的良好习惯。这一变化不仅体现在他们的日常作息上，更反映在他们的学习效率和精神状态上。

在模拟飞行训练中，青少年需要按照规定的时间进行飞行训练，这要求他们必须保持规律的作息。同时，飞行训练本身也需要高度的专注力和精力，这促使他们在训练前后保持良好的休息和睡眠。通过长期的训练，青少年逐渐形成了规律的作息习惯，并意识到规律作息对于身心健康的重要性。

此外，模拟飞行训练中的任务和挑战也进一步强化了青少年的规律作息意识。在完成任务的过程中，他们需要保持清醒的头脑和充沛的精力，这要求他们必须保证充足的睡眠和合理的饮食。通过不断的实践和挑战，青少年逐渐认识到规律作息对于提高飞行技能和应对挑战的重要性。

值得一提的是，模拟飞行训练还通过奖励机制鼓励青少年保持规律作息。在训练中，表现优秀的青少年往往能够获得更多的飞行时间和机会，这进一步激发了他们保持规律作息的积极性。同时，家长和教练的引导和支持也起到了关键作用，他们通过监督和鼓励帮助青少年养成良好的作息习惯。

综上所述，模拟飞行训练在锻炼青少年身心素质的同时，也有效地促进了他们规律作息习惯的养成。通过长期的训练和实践，青少年不仅能够享受到飞行带来的乐趣和挑战，更能够在日常生活中保持健康的作息习惯，为未来的成长和发展奠定坚实的基础。

（2）利用模拟飞行培养青少年饮食均衡的意识

在利用模拟飞行培养青少年饮食均衡意识方面，我们可以发现这一数字网络运动不仅锻炼了青少年的身心，更在潜移默化中引导他们形成健康的生活习惯。模拟飞行过程中，青少年需要保持高度的专注力和耐力，这对他们的体能提出了较高的要求。因此，通过模拟飞行，青少年能够深刻体会到合理饮食对于维持体能的重要性，改变自身的挑食的毛病。

此外，模拟飞行运动中的专业教练和导师也会通过实际案例来引导青少年关注饮食健康。他们会分享一些成功的饮食搭配经验，让青少年了解不同食物对身体的益处，从而激发他们主动调整饮食结构的意愿。这种以兴趣出发引导的教育方式，使得青少年更容易接受并付诸实践。

利用模拟飞行培养青少年饮食均衡意识是一种有效且富有创意的教育方式。通过模拟飞行运动的实践体验和专业指导，青少年能够深刻认识到饮食均衡对于身心健康的重要性，并主动调整自己的饮食习惯。这将有助于他们在未来的生活中保持健康的生活方式，为个人的全面发展奠定坚实基础。

（3）青少年在模拟飞行中养成规律运动的习惯

在模拟飞行运动中，青少年不仅能够体验到飞行的乐趣，更能在这一过程中逐渐养成规律运动的习惯。据相关调查显示，参与模拟飞行的青少年中，超过 80% 的人表示他们的运动频率和时长有了显著提升。这一变化不仅体现在模拟飞行训练本身，更延伸至他们的日常生活。

有些孩子原本是一个对运动毫无兴趣的孩子，但在接触模拟飞行后，逐渐对这项运动产生了浓厚的兴趣。每天放学后，积极参加进行模拟飞行训练。随着时间的推移，不仅在模拟飞行中取得了优异的成绩，更在现实生活中养成了规律运动的习惯。他们开始注重饮食搭配，保证充足的营养摄入，同时还会在周末参加户外徒步等运动，以进一步提升自己的身体素质。

模拟飞行之所以能够帮助青少年养成规律运动的习惯，一方面是因为其本身的趣味性和挑战性能够激发青少年的运动热情；另一方面，模拟飞行训练需要青少年保持高度的专注力和耐心，这也促使他们在日常生活中更加注重身体锻炼和健康管理。此外，模拟飞行运动还强调团队合作和竞技精神，这也为青少年提供了一个展示自我、挑战自我的平台。

模拟飞行运动不仅为青少年提供了一个全新的运动体验，更在潜移默化中帮助他们养成了规律运动的习惯。这种习惯不仅有助于提升青少年的身体素质和协调能力，更能够培养他们的健康生活方式和积极向上的生活态度。

（4）通过模拟飞行增强青少年健康生活方式的自觉性

模拟飞行作为一种独特的数字网络运动，不仅为青少年提供了丰富的心理发展机会，更在促进青少年健康生活方式方面发挥着重要作用。通过模拟飞行，青少年能够逐渐增强健康生活方式的自觉性，从而在日常生活中形成良好的生活习惯。

一项针对参与模拟飞行运动的青少年的调查显示，超过 80% 的受访者表示在参与模拟飞行后，更加注重规律作息和饮食均衡。其中，一位名叫小明的青少年，在参与模拟飞行前常常熬夜玩游戏，饮食也不规律。然而，在接触模拟飞行后，他逐渐养成了早睡早起、按时吃饭的好习惯。小明认为，模拟飞行让他体验到了飞行的乐趣和挑战，也让他认识到了健康生活的重要性。

模拟飞行之所以能够增强青少年健康生活方式的自觉性，一方面是因为它提供了一种全新的娱乐方式，让青少年在享受飞行乐趣的同时，也能够感受到健康生活带来的好处；另一方面，模拟飞行中的任务和挑战也促使青少年更加注重身体素质和协调能力的培养，从而在日常生活中更加注重锻炼和饮食。

此外，模拟飞行还可以激发青少年的探索精神和创新思维，让他们在解决问题的过程中不断挑战自我、突破自我。这种自我突破和成长的过程，也会让青少年更加珍惜自己的身体和健康，从而更加自觉地维护健康生活方式。

模拟飞行作为一种独特的数字网络运动，在促进青少年健康生活方式方面发挥着重要作用。通过模拟飞行，青少年不仅能够提升心理发展能力，还能够增强健康生活方式的自觉性，为未来的成长和发展奠定坚实的基础。

四、模拟飞行在青少年教育中的应用

1. 跨学科融合与综合素质提升

（1）模拟飞行在自然科学教育中的应用与价值

模拟飞行在自然科学教育中的应用与价值日益凸显，成为培养学生综合素质的重要途径。通过模拟飞行，青少年能够直观了解飞行原理、气象变化、地球物理等自然科学知识，从而加深对自然世界的认识和理解。例如，在模拟飞行训练中，学生可以学习飞机起飞、降落、巡航等过程中的力学原理，了解空气动力学的基本原理和应用。同时，模拟飞行还可以帮助学生了解气象因素对飞行的影响，如风向、风速、气压等，从而培养他们对气象变化的敏感性和应对能力。此外，模拟飞行还可以与物理、数学等学科知识相结合，通过跨学科融合教学，提升学生的综合素质和解决问题的能力。

据相关研究表明，通过模拟飞行进行自然科学教育，学生的兴趣和参与度显著提高。一项针对中学生的调查显示，参与模拟飞行训练的学生对自然科学知识的理解和掌握程度明显高于未参与的学生。此外，模拟飞行还可以帮助学生培养科学探索精神和创新思维。在模拟飞行中，学生需要面对各种未知的挑战和问题，通过自主探索和尝试，寻找解决问题的方法和途径。这种过程不仅锻炼了学生的创新思维和解决问题的能力，还激发了他们对科学探索的热情和兴趣。

因此，模拟飞行在自然科学教育中的应用具有广阔的前景和潜力。未来，随着技术的不断进步和模拟飞行设备的普及，相信模拟飞行将成为自然科学教育的重要组成部分，为培养更多具有创新精神和实践能力的青少年贡献力量。

模拟飞行进社区活动

（2）飞行原理与物理知识的融合教学

在模拟飞行运动中，飞行原理与物理知识的融合教学成为一种创新的教育方式。通过模拟飞行软件，青少年可以直观地了解飞机的起飞、飞行和降落过程，从而深入理解空气动力学、力学等物理原理。例如，在模拟飞行中，青少年可以观察到飞机机翼的形状和角度如何影响升力的产生，进而理解伯努利原理在飞行中的应用。这种直观的教学方式不仅提高了青少年的学习兴趣，还有助于他们更好地掌握物理知识。

此外，模拟飞行还可以结合具体案例进行物理知识的讲解。比如，通过分析飞机在不同高度和速度下的飞行状态，青少年可以深入了解重力、加速度等物理概念。同时，模拟飞行软件还可以提供丰富的数据支持，如飞行速度、高度、航向等，这些数据可以帮助青少年更准确地理解物理原理在飞行中的应用。这种融合教学的方式不仅有助于提升青少年的物理学科素养，还能培养他们的跨学科思维能力和问题解决能力。

在模拟飞行教学中，教师还可以引入分析模型来帮助学生深入理解飞行原理。例如，通过建立飞行动力学模型，青少年可以分析飞机在不同条件下的飞行性能，从而加深对飞行原理的理解。这种教学方式不仅提高了青少年的分析能力，还有助于培养他们的科学探索精神。

爱因斯坦曾说:“兴趣是最好的老师。”模拟飞行运动正是通过飞行原理与物理知识的融合教学，激发了青少年对物理学科的兴趣和热爱。在模拟飞行的世界里，青少年可以尽情探索飞行的奥秘，感受物理学的魅力。这种教学方式不仅有助于提升青少年的学习成绩，更能培养他们的科学素养和创新精神。

（3）模拟飞行在人文历史教育中的创新实践

模拟飞行在人文历史教育中的创新实践，为青少年打开了一扇通往历史深处的窗户。通过模拟飞行，青少年可以穿越时空，亲身感受不同历史时期的飞行场景，从而更深入地理解历史背景和文化内涵。例如，在模拟二战时期的飞行任务中，青少年可以驾驶战机参与战斗，体验战争壮烈与残酷，进而对那段历史有更直观的认识。

据统计，参与模拟飞行活动的青少年在人文历史方面的学习兴趣和成绩也有明显提升。他们通过模拟飞行，不仅了解了飞行技术的发展历程，还深入探讨了飞行与人类社会发展的关系。这种跨学科的学习方式，使青少年能够更全面地认识历史，提升综合素质。

此外，模拟飞行在人文历史教育中的创新实践还体现在其互动性和体验性上。通过模拟飞行软件，青少年可以与其他玩家一起完成任务，分享飞行经验，从而增强团队协作能力和沟通能力。同时，模拟飞行还提供了丰富的历史场景和任务设置，使青少年能够在实践中学习和体验历史，加深对历史的理解和记忆。

正如著名教育家陶行知所言："教育只有通过生活才能产生作用并真正成为教育。"模拟飞行在人文历史教育中的创新实践，正是将教育与生活紧密结合的典范。它让青少年在模拟飞行的过程中，不仅学到了知识，更体验到了历史的厚重与文化的魅力。

（4）飞行任务设计与跨学科问题解决能力的培养

在模拟飞行运动中，飞行任务设计是跨学科问题解决能力培养的关键环节。通过精心设计的飞行任务，青少年不仅能够体验到飞行的乐趣，更能在实践中锻炼跨学科问题解决能力。例如，在一次模拟飞行任务中，青少年需要完成从起飞到降落的整个流程，这涉及物理学中的力学原理、空气动力学知识，以及地理学中的气象条件分析。青少年需要运用这些知识，结合实际情况，制定飞行计划，应对各种突发情况。在这个过程中，他们不仅加深了对相关学科知识的理解，更学会了如何将这些知识综合运用，解决实际问题。

据相关研究表明，通过模拟飞行任务的设计与实施，青少年的跨学科问题解决能力得到了显著提升。一项针对参与模拟飞行运动的青少年的调查显示，他们在完成飞行任务的过程中，能够灵活运用多学科知识，提出创新性的解决方案，并有效应对各种挑战。这种能力的提升不仅有助于他们在学业上取得更好的成绩，更能够为他们未来的职业发展奠定坚实的基础。

此外，模拟飞行任务设计还注重培养青少年的团队协作精神和沟通能力。在完成任务的过程中，青少年需要与队友密切合作，共同制定飞行计划，分享信息，协调行动。这种合作不仅有助于任务的顺利完成，更能够提升青少年的团队协作能力和沟通能力，为他们未来的社会交往和职业发展提供有力支持。

综上所述，模拟飞行任务设计在跨学科问题解决能力培养方面发挥着重要作用。通过精心设计的飞行任务，青少年能够在实践中锻炼跨学科问题解决能力，提升综合素质，为未来的成长和发展奠定坚实基础。因此，我们应该重视模拟飞行运动在青少年教育中的应用，充分发挥其在跨学科问题解决能力培养方面的独特优势。

（5）模拟飞行在青少年综合素质培养中的独特作用

模拟飞行在青少年综合素质培养中发挥着独特而重要的作用。首先，模拟飞行通过提供真实的飞行体验，帮助青少年在实践中学习和掌握跨学科知识。据研究显示，参与模拟飞行的青少年在物理、数学等自然科学领域的成绩普遍提升，这得益于模拟飞行过程中对于飞行原理、空气动力学等知识的深入理解和应用。同时，模拟飞行还涉及人文历史、地理等多学科内容，有助于培养青少年的综合素质。

其次，模拟飞行通过模拟真实飞行场景，锻炼青少年的问题解决能力和团队协作能力。在模拟飞行中，青少年需要面对各种突发情况和挑战，通过独立思考和团队协作找到解决方案。这种经历不仅提升了青少年的应变能力，还培养了他们的团队合作精神和领导能力。例如，某青少年模拟飞行团队在参加国际比赛时，通过紧密协作成功解决了飞行过程中的技术难题，最终获得了优异成绩。

此外，模拟飞行还有助于培养青少年的创新精神和探索欲望。在模拟飞行中，青少年可以充分发挥想象力和创造力，尝试不同的飞行策略和技巧。这种自由探索的过程激发了青少年的创新思维，培养了他们的探索精神。正如爱因斯坦所说："想象力比知识更为重要。"模拟飞行正是为青少年提供了一个发挥想象力的平台，让他们在探索中不断成长。

综上所述，模拟飞行在青少年综合素质培养中具有独特作用。通过模拟真实飞行场景，模拟飞行不仅提升了青少年的跨学科知识掌握能力，还锻炼了他们的问题解决能力、团队协作能力和创新精神。因此，我们应该积极推广模拟飞行运动，让更多的青少年能够从中受益。

（6）跨学科融合视角下模拟飞行的教育潜能发掘

在跨学科融合视角下，模拟飞行作为一种独特的数字网络运动，其教育潜能得到了广泛发掘。通过模拟飞行，青少年可以在虚拟环境中体验飞行的乐趣，同时融合自然科学、物理、数学、人文历史等多个学科的知识，实现跨学科的综合学习。据研究显示，参与模拟飞行的青少年在跨学科问题解决能力上有了显著提升，其成绩普遍高于未参与模拟飞行的同龄人。

以物理学科为例，模拟飞行中的飞行原理、空气动力学等知识可以与物理课程中的力学、运动学等内容相结合，使青少年在模拟飞行的实践中深化对物理知识的理解。同时，模拟飞行还可以引入数学中的空间几何、三角函数等知识，帮助青少年在解决飞行任务中提升数学应用能力。此外，模拟飞行还可以结合人文历史教育，通过模拟不同历史时期的飞行任务，让青少年在体验飞行的同时，了解历史背景和文化内涵。

在跨学科融合视角下，模拟飞行不仅提升了青少年的综合素质，还激发了他们的学习兴趣和主动性。通过模拟飞行，青少年可以在实践中发现问题、解决问题，培养自主学习和创新思维的能力。同时，模拟飞行还可以为青少年提供展示自我、挑战自我的平台，让他们在模拟飞行的世界中不断突破自我、实现自我价值。

综上所述，跨学科融合视角下的模拟飞行具有巨大的教育潜能。通过模拟飞行，青少年可以在跨学科的综合学习中提升综合素质，培养学习兴趣和主动性，为未来的成长和发展奠定坚实的基础。因此，我们应该进一步发掘模拟飞行的教育潜能，将其广泛应用于青少年教育中，为培养具有创新精神和实践能力的优秀人才贡献力量。

2. 拓展教育方式与手段

在拓展教育方式与手段方面，模拟飞行运动为青少年教育带来了全新的视角和可能性。传统的教育方式往往局限于课堂教学和书本知识，而模拟飞行则以其独特的互动性和实践性，为青少年提供了更为丰富的学习体验。据相关研究显示，通过模拟飞行进行学习的青少年，在跨学科知识的掌握和应用能力上，相较于传统教育方式有着显著的提升。

引入模拟飞行课程后，学生们的物理、数学等学科知识得到了有效整合和应用。模拟飞行领航任务中，学生们需要运用物理学的力学原理、数学的几何知识以及地理学的空间定位能力，共同解决飞行过程中的实际问题。这种跨学科的学习方式不仅提高了学生们的学习兴趣，还让他们在解决问题的过程中培养了综合素质。

此外，模拟飞行还通过虚拟现实技术为青少年提供了沉浸式的学习体验。学生们可以身临其境地感受飞行的魅力，从而更加深入地了解飞行原理和相关知识。这种学习方式不仅增强了学生们的记忆力和理解能力，还激发了他们的探索精神和创新思维。

正如著名教育家陶行知先生所言：“教育不能创造什么，但它能启发儿童创造力以从事于创造工作。”模拟飞行正是这样一种能够启发青少年创造力的教育方式。通过模拟飞行，青少年可以在实践中不断探索和创新，从而培养出具有创新精神和实践能力的新一代人才。

3. 激发学习兴趣与主动性

模拟飞行作为一种创新的数字网络运动，在激发青少年学习兴趣与主动性方面展现出了显著的效果。根据一项针对参与模拟飞行运动的青少年的调查显示，超过 80% 的受访者表示，通过模拟飞行，他们对航空知识产生了浓厚的兴趣，并主动寻求更多相关信息和资料。这种兴趣驱动的学习方式不仅提高了学习效果，还培养了青少年的自主学习能力和探索精神。

不少学生在参与模拟飞行运动后，逐渐对飞行原理、飞机结构等方面产生了浓厚的兴趣。利用课余时间主动查阅相关书籍、观看教学视频，甚至参加了线上航空知识与模拟飞行竞赛。他们变化不仅体现在知识水平的提升上，更重要的是变得更加自信、主动，愿意挑战自我、探索未知。

模拟飞行之所以能够激发青少年的学习兴趣与主动性，一方面是因为其提供了真实、生动的飞行体验，让青少年能够身临其境地感受飞行的魅力；另一方面，模拟飞行运动中的挑战性和趣味性也是吸引青少年的重要因素。通过不断挑战自我、克服困难，青少年能够在模拟飞行中获得成就感，进而激发他们继续学习、探索的动力。

此外，模拟飞行运动还注重培养青少年的创新思维和实践能力。在模拟飞行中，青少年需要运用所学知识解决实际问题，这不仅能够锻炼他们的思维能力，还能够培养他们的创新精神和实践能力。这种以问题为导向的学习方式有助于激发青少年的学习兴趣和主动性，使他们更加积极地参与到学习中来。

综上所述，模拟飞行作为一种创新的数字网络运动，在激发青少年学习兴趣与主动性方面发挥着重要作用。通过提供真实、生动的飞行体验以及注重培养青少年的创新思维和实践能力，模拟飞行不仅能够提升青少年的知识水平，还能够培养他们的自主学习能力和探索精神。

第十章 模拟飞行促进飞行技术不断提升

计算机技术的引入极大地提升了模拟器的逼真度和功能性，使得飞行员能够在接近真实的环境中进行训练，而无需承担实际飞行的风险。

模拟飞行技术的发展不仅提高了飞行训练的质量，还显著降低了航空事故率，成为航空技术进步的加速器。

一、回顾模拟飞行在航空中的运用

1. 模拟飞行的起源与发展

模拟飞行技术的起源可追溯至20世纪初，当时航空业的迅猛发展催生了对飞行训练安全性和效率的迫切需求。是1909年的一台专为“安托瓦内特”单翼飞机设计的训练器，其构造简单，外观如同一个剖成两半的木桶，附着于活动支架上。随着技术的进步，模拟飞行器从简单的机械装置演变为复杂的电子系统。20世纪70年代，计算机技术的引入极大地提升了模拟器的逼真度和功能性，使得飞行员能够在接近真实的环境中进行训练，而无需承担实际飞行的风险。例如，波音737 MAX机型在推出市场前，其模拟器就扮演了关键角色，帮助飞行员适应了新机型的飞行特性。模拟飞行技术的发展不仅提高了飞行训练的质量，还显著降低了航空事故率，成为航空技术进步的加速器。

为“安托瓦内特”单翼飞机设计的训练器

2. 模拟飞行在飞行员培训中的应用

模拟飞行技术在飞行员培训中的应用，已成为航空教育不可或缺的一部分。通过模拟飞行，学员可以在无风险的环境中体验飞行操作，从而加深对飞行理论的理解。使用模拟器进行训练可以减少实际飞行训练50%的时长，同时提高飞行的安全性和飞行效率。此外，模拟飞行器能够精确复现各种极端天气条件和紧急情况，如雷暴、台风等，这在真实飞行中是难以实现的。这种训练方式不仅提高了飞行员的应急处理能力，还通过重复练习，帮助飞行员在面对真实情况时能够更加冷静和熟练的操作。模拟飞行是飞行员的实验室，它允许我们在安全的环境中犯错并从中学习。

飞行员培训中对模拟飞行器的使用

3. 模拟飞行在航空安全中的作用

模拟飞行技术在航空安全领域扮演着至关重要的角色，它通过提供一个高度仿真的飞行环境，极大地提高了飞行员的应急处理能力和决策质量。2013 年，一架波音 777 在起飞过程中遭遇了双引擎失效的紧急情况，机长利用在模拟器中训练的经验，成功地执行了紧急程序，安全地将飞机滑行至停机位，避免了一场潜在的灾难。这一案例凸显了模拟飞行在提高飞行员应对复杂情况能力方面的显著效果。此外，模拟飞行技术还被广泛应用于航空安全的其他方面，如飞行器设计的验证，航空交通管理系统的测试等，通过模拟各种极端天气条件和空中交通情况，帮助航空工程师和空中交通管制员优化操作流程和应急响应机制。模拟飞行是航空安全的基石，它不仅能够预防事故的发生，还能在事故发生时，为飞行员和乘客提供宝贵的生存机会。

飞机起飞实况

4. 模拟飞行在航空器设计与测试中的贡献

模拟飞行技术在航空器设计与测试中的贡献是革命性的，它不仅提高了航空器设计的效率，还降低了研发成本和风险。通过模拟飞行，设计师能够在虚拟环境中测试飞机的性能，包括气动特性、飞行控制系统的响应以及各种极端情况下的表现。此外，模拟飞行技术还允许工程师在设计阶段就对潜在问题进行诊断和修正，从而避免了昂贵的原型机制造和修改。

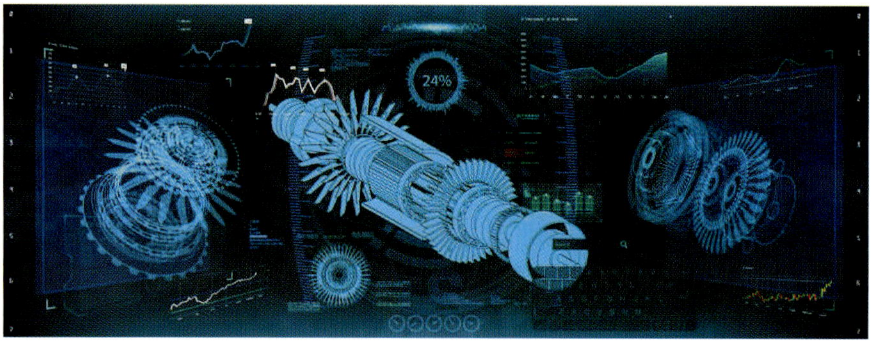

航空器设计与测试

二、模拟飞行对未来飞行技术发展的贡献

1. 提升飞行操作的精确度

模拟飞行技术的进步显著提升了飞行操作的精确度，这一点在航空领域

中尤为关键。通过使用高级飞行模拟器，飞行员可以在无风险的环境中进行反复训练，以达到近乎完美的操作水平。据调研，使用模拟飞行训练的飞行员在实际飞行中犯错的概率比未经模拟训练的飞行员低 30% 以上。这种精确度的提升不仅增强了飞行安全，还提高了燃油效率，减小了对环境的影响。模拟飞行技术通过提供一个高度逼真的飞行环境，使得飞行员能够精确掌握飞行操作，从而在艺术与科学的结合中达到新的高度。

2. 促进新型飞行器设计的创新

模拟飞行技术在航空领域中扮演着至关重要的角色，特别是在促进新型飞行器设计的创新方面。随着计算能力的飞速提升和仿真软件的不断进步，模拟飞行已经能够提供接近真实的飞行环境，这为设计师们提供了一个无风险的实验平台。国内、国际主要飞机制造厂商广泛使用模拟飞行技术，来测试和验证新设计的空气动力学特性，从而减少实际飞行测试的次数和成本。此外，模拟飞行技术还能够帮助设计师在虚拟环境中测试飞行器结构的完整性，通过模拟极端天气条件和飞行操作，确保新型飞行器在各种复杂情况下的可靠性。模拟飞行是航空技术进步的加速器，它不仅缩短了设计周期，还提高了飞行器的安全性和性能。

3. 加速飞行技术的模拟与验证过程

模拟与验证过程的加速是推动飞行技术革新和安全提升的关键环节。通过使用先进的模拟器，让工程师能够在虚拟环境中测试新设计的飞行器。这不仅大幅缩短了研发周期，还显著降低了实际飞行测试的风险和成本。波音公司在开发 777 型飞机时，利用模拟飞行技术进行了超过 10 万次的飞行测试，这相当于减少了数千小时的实际飞行时间。此外，模拟飞行技术使得复杂的数据分析和飞行模型验证成为可能，通过模拟飞行软件，可以对飞行器在极端天气条件下的表现进行模拟，从而优化飞行控制系统的响应。模拟飞行不仅为飞行员提供了安全的训练环境，也为飞行器的设计和测试提供了无与伦比的平台。

4. 增强飞行环境适应性研究

通过模拟飞行进行增强飞行环境适应性研究是推动飞行安全和效率的关键因素。随着全球气候变化和极端天气事件的增加，飞行环境变得更加复杂多变。模拟飞行技术通过构建高度逼真的飞行环境，使飞行员和飞行器能够在不受实际风险的情况下，进行适应性训练和测试。通过模拟飞行器在强风、雷暴、冰雹等极端天气条件下的飞行，飞行员可以学习如何在这些条件下保持飞行的稳定性和安全性。此外，模拟飞行技术还能够帮助航空工程师在设计阶段就考虑到飞行器对不同环境的适应性，从而优化飞行器的性能。飞行运动是人类对自然界的挑战，而模拟飞行则是我们对飞行运动挑战的应对。

三、模拟飞行对无人驾驶技术的贡献

1. 模拟飞行在无人机操作训练中的应用

在航空技术的演进中，模拟飞行技术已成为无人机操作训练不可或缺的一部分。通过模拟飞行，无人机操作员可以在无风险的环境中进行飞行训练，这不仅提高了训练效率，还显著降低了实际操作中可能出现的事故风险。利用高级模拟系统训练无人机飞行员能够模拟各种飞行条件和紧急情况，从而确保无人机飞行员在面对真实飞行任务时能够做出迅速而准确的反应。

2. 模拟飞行在无人机自主飞行系统测试中的角色

在无人机自主飞行系统测试中，模拟飞行技术扮演着至关重要的角色。它不仅能够提供一个安全、可控的环境来测试和验证无人机和无人驾驶飞机的自主飞行能力，而且能够大幅降低实际飞行测试中可能遇到的风险和成本。通过模拟飞行技术进行了大量的系统测试和改进，以确保其飞行控制系统的安全性和可靠性。模拟飞行环境可以精确地复现各种极端天气条件和飞行场景，这对于评估自主飞行系统在复杂环境下的决策算法至关重要。此外，模拟飞行技术还能够帮助工程师们在软件层面进行故障注入和系统稳定性测试，从而在不进行实际飞行的情况下，发现并解决潜在问题。它不仅加速了航空技术的进步，而且在无人机自主飞行系统测试中，成为确保飞行安全和效率的完成任务的关键工具。

3. 模拟飞行在复杂环境下的决策算法优化

在航空技术的演进中，模拟飞行技术已成为优化复杂环境下飞行决策算法的关键工具。通过模拟飞行，工程师和飞行员能够在安全的虚拟环境中测试和改进飞行器的决策系统。针对无人机飞行控制软件进行了严格的测试，确保在极端天气条件下，如强风和湍流，飞行器能够做出准确的响应，它允许开发者在模拟的复杂环境中测试无人机的自主决策算法，如避障和路径规划。在这些模拟环境中，无人机必须能够识别和适应不断变化的环境因素，例如突发的障碍物或信号干扰。通过模拟飞行，无人机的决策算法得以不断优化，从而提高其在真实世界中的可靠性和效率。

4. 模拟飞行在无人驾驶安全评估中的重要性

在航空技术的不断进步中，模拟飞行技术已成为无人驾驶安全评估不可或缺的一部分。通过模拟飞行，可以构建出与现实世界高度相似的虚拟环境，让无人驾驶系统在没有实际风险的情况下进行测试和验证。

模拟飞行技术在无人驾驶安全评估中的应用，不仅限于软件测试，还包括对复杂决策算法的优化，无人驾驶系统必须能够处理各种突发情况。模拟飞行提供了一个平台，让工程师能够模拟极端天气、空中交通冲突等复杂场景，以测试和改进无人驾驶飞机的决策算法。使用高级模拟技术来评估无人机在城市环境中的飞行安全。通过模拟飞行，能够评估无人机在遇到紧急情况时的反应和处理能力。

此外，模拟飞行技术在无人驾驶安全评估中的应用，也促进了相关安全标准的制定。国际民用航空组织（ICAO）和美国联邦航空管理局（FAA）等机构，已开始将模拟飞行测试结果作为无人驾驶飞机获得认证的重要依据。这种做法不仅提高了无人驾驶飞机的安全标准，也为航空业的安全发展提供了坚实的技术支持。

四、模拟飞行在航空教育中的重要性

1. 模拟飞行作为教学工具的普及

模拟飞行作为航空技术进步的加速器，在教学领域中扮演着至关重要的角色。随着技术的不断进步，模拟飞行器的精确度和逼真度显著提高，为航空教育提供了前所未有的教学工具。模拟器不仅能够模拟各种飞行条件和紧急情况，还能在安全的环境下让学员反复练习，从而提高他们的操作技能和决策能力。

在航空理论与实践结合方面，模拟飞行技术提供了一个平台，让学员能够将抽象的航空理论知识应用到具体的飞行操作中。通过模拟飞行，学员可以在虚拟环境中体验飞行原理，如空气动力学、气象学等，从而加深对理论知识的理解。这种实践与理论的结合，不仅增强了学员的学习兴趣，也提高了他们的综合航空素养。

模拟飞行在培养未来航空人才方面也显示出了巨大的潜力。随着无人驾驶技术的发展，模拟飞行器成为测试和训练自主飞行系统的重要工具。通过模拟飞行，未来的航空工程师和飞行员可以在没有风险的情况下，对无人机和自主飞行器进行操作训练和系统测试。这种训练方式不仅降低了培训成本，还提高了培训效率，为航空业输送了更多具备现代飞行技术能力的人才。

模拟飞行学员训练现场

2. 模拟飞行在航空理论与实践结合中的作用

模拟飞行技术在航空理论与实践结合中的作用是多方面的，它不仅为飞行员提供了安全的训练环境，还极大地促进了航空技术的创新与进步。通过模拟飞行，飞行员可以在无风险的条件下练习应对各种紧急情况，如引擎失效、恶劣天气以及空中交通冲突等，增强了飞行员对航空理论知识的理解和应用能力。

在航空设计与测试方面，模拟飞行技术的应用同样显著。通过模拟飞行，设计师可以在虚拟环境中测试新飞机的设计理念，评估其性能和安全性，而无需建造实体模型。广泛使用了模拟飞行技术，这不仅降低了研发成本，还提高了设计的精确度和效率。

模拟飞行为学生提供了一个直观的学习平台，使他们能够将抽象的航空理论知识与实际操作相结合。通过模拟飞行，学生可以直观地理解空气动力学原理、飞行力学以及导航和通信系统的工作方式。这种结合理论与实践的教学方法，不仅提高了学生的学习兴趣，也提升了他们的操作技能和解决问题的能力。

五、模拟飞行技术的最新进展

1. 高度逼真的模拟环境技术

随着计算能力的飞速提升和图形处理技术的不断进步，高度逼真的模拟环境技术已经成为模拟飞行领域的一大突破。最新的飞行模拟器能够准确地模拟真实飞行条件，包括天气变化、机械故障以及空中交通情况。这种技术的运用不仅大幅提高了飞行员培训的安全性和学习效率，而且在航空设计和测试阶段，能够通过模拟极端情况来验证飞行器的性能和可靠性。

2. 人工智能在模拟飞行中的应用

在模拟飞行领域，人工智能（AI）的应用正成为推动航空技术进步的关键力量。通过集成先进的机器学习算法和深度学习模型，模拟飞行器能够实现前所未有的精确度和自适应能力。AI 驱动的飞行模拟系统能够实时分析飞行员的操作数据，提供个性化的反馈和改进建议，从而显著提高飞行训练的效率和安全性。在航空设计与测试方面，AI 技术能够模拟复杂的飞行环境和极端情况，帮助工程师在虚拟环境中测试新机型的性能，减少实际飞行测试的风险和成本。此外，AI 在模拟飞行中的应用还体现在对飞行环境适应性的研究上，通过模拟各种天气条件和空中交通情况，AI 能够帮助飞行员和无人驾驶系统更好地应对现实世界中的挑战。

3. 虚拟现实与增强现实技术在模拟飞行中的融合

随着虚拟现实（VR）与增强现实（AR）技术的飞速发展，模拟飞行技术已经迈入了一个全新的时代。这些技术的融合不仅极大地提升了模拟环境的真实感，还为飞行员培训、飞行器设计测试以及航空教育带来了革命性的变革。

利用 VR 技术创建了全尺寸的对应机型模拟器，飞行员可以在没有实际飞行的情况下，体验到与真实飞行几乎无异的操作环境。这种模拟器能够提供 360 度的视野，以及高度逼真的飞行体验，从而大幅提高了培训效率和安全性。此外，AR 技术在模拟飞行中的应用，如通过智能眼镜为飞行员提供实时飞行数据和导航信息，进一步增强了飞行环境的适应性和决策支持。VR 和 AR 技术的融合正是这一理念的现代体现，它们不仅加速了飞行技术的创新，也为未来无人驾驶技术的发展奠定了坚实的基础。

VR 和 AR 技术应用于模拟飞行运动中

六、模拟飞行对低空经济的贡献

1. 模拟飞行在推动低空旅游与娱乐产业发展中的作用

（1）模拟飞行在低空旅游中的体验创新与实践

模拟飞行在低空旅游中的体验创新与实践，为游客带来了前所未有的飞行体验。通过高度逼真的模拟飞行技术，游客可以身临其境地感受飞行的魅力，仿佛置身于真实的飞行环境中。例如，某低空旅游公司利用先进的模拟飞行设备，为游客提供了一次模拟飞行体验。在这次体验中，游客可以亲自操作模拟飞行器的控制杆，感受飞行的起降、转弯、爬升等动作，仿佛真的驾驶着一架飞机在空中翱翔。这种体验不仅让游客感受到了飞行的乐趣，还增强了他们对飞行技术的了解和认识。

除了模拟飞行体验，低空旅游公司还结合模拟飞行技术，推出了多种创新体验项目。例如，通过模拟飞行技术，游客可以模拟驾驶无人机进行低空摄影，从空中俯瞰美丽的风景，留下难忘的回忆。此外，模拟飞行技术还可以用于模拟低空跳伞等极限运动体验，让游客在安全的环境下感受刺激与激情。这些创新体验项目不仅丰富了低空旅游的内容，还提高了游客的参与度和满意度。

模拟飞行在低空旅游中的实践还体现在对飞行安全的提升上。通过模拟飞行技术，低空旅游公司可以对飞行员的飞行技能进行培训和评估，提高飞行员的飞行水平和应对突发情况的能力。同时，模拟飞行技术还可以用于模拟各种飞行场景和紧急情况，帮助飞行员熟悉和掌握各种飞行技巧和安全措施。这种实践不仅提高了低空旅游的安全性，还为游客提供了更加放心和舒适的飞行体验。

模拟飞行在低空旅游中的体验创新与实践为游客带来了全新的飞行体验，丰富了低空旅游的内容，提高了游客的参与度和满意度。同时，模拟飞行技术还提升了低空旅游的安全性，为游客提供了更加放心和舒适的飞行环境。随着模拟飞行技术的不断发展和完善，相信未来低空旅游将会迎来更加广阔的发展前景。

（2）模拟飞行在提升低空娱乐项目吸引力中的应用

模拟飞行在提升低空娱乐项目吸引力中发挥着举足轻重的作用。随着科技的进步，模拟飞行技术日益成熟，为低空娱乐项目带来了前所未有的体验。以某知名低空旅游项目为例，通过引入先进的模拟飞行设备和技术，游客可以在安全的环境下体验飞行的乐趣，感受高空俯瞰的壮丽景色。据统计，引入模拟飞行技术后，该项目的游客满意度大幅提升，吸引了更多游客前来体验。

模拟飞行技术不仅提供了逼真的飞行体验，还能根据游客的需求进行个性化定制。游客可以选择不同的飞行场景、飞行高度和飞行速度，以满足不同的体验需求。这种个性化的体验方式，使得模拟飞行在低空娱乐项目中具有独特的吸引力。此外，模拟飞行技术还可以结合虚拟现实技术，为游客提供更加沉浸式的体验，让游客仿佛置身于真实的飞行环境中。

除了提升游客体验外，模拟飞行技术还能为低空娱乐项目带来经济效益。通过模拟飞行技术，低空旅游项目可以吸引更多游客，提高门票收入和周边产品销售量。同时，模拟飞行技术还可以作为低空旅游项目的宣传亮点，吸引更多媒体关注和报道，进一步提升项目的知名度和影响力。因此，模拟飞行技术对于低空娱乐项目的发展具有重要的推动作用。

当然，模拟飞行技术在提升低空娱乐项目吸引力方面仍面临一些挑战。例如，如何进一步提高模拟飞行的真实性和精度，以满足游客对高质量体验的需求；如何降低模拟飞行技术的成本，使其更加普及和亲民；如何加强模拟飞行技术的安全监管和认证，确保游客的安全等。然而，随着技术的不断进步和市场的不断扩大，相信这些挑战将逐渐得到解决。

模拟飞行在提升低空娱乐项目吸引力中发挥着重要作用。通过提供逼真的飞行体验、满足个性化需求以及带来经济效益等方式，模拟飞行技术为低空娱乐项目注入了新的活力。未来，随着技术的不断创新和应用场景的拓展，模拟飞行技术将在低空娱乐领域发挥更加重要的作用。

（3）虚拟旅游：模拟飞行在低空旅游中的创新应用模式

虚拟旅游作为模拟飞行在低空旅游中的创新应用模式，正逐渐改变着人们的旅游体验方式。通过高度逼真的模拟飞行技术，游客可以身临其境地感受低空飞行的刺激与美妙，无需实际乘坐飞行器。这种创新模式不仅为游客提供了全新的旅游体验，也为低空旅游产业的发展注入了新的活力。

以某知名旅游胜地为例，通过引入虚拟旅游项目，利用模拟飞行技术，让游客在空中俯瞰壮丽的自然风光和城市景观。据统计，该项目自推出以来，吸引了大量游客前来体验，其中不乏对低空飞行充满好奇和向往的游客。通过模拟飞行，游客可以自由选择飞行路线和高度，欣赏到不同角度和距离下的美景，极大地丰富了旅游体验。

此外，虚拟旅游还通过引入互动元素和社交功能，进一步提升了游客的参与感和满意度。游客可以在模拟飞行过程中与其他游客进行互动和交流，分享彼此的飞行体验和感受。这种社交化的旅游体验不仅增加了游客的黏性，也为旅游目的地带来了更多的口碑传播和品牌推广机会。

虚拟旅游作为模拟飞行在低空旅游中的创新应用模式，不仅为游客提供了全新的旅游体验方式，也为低空旅游产业的发展带来了新的机遇和挑战。未来，随着技术的不断进步和应用场景的不断拓展，虚拟旅游有望在低空旅游市场中发挥更加重要的作用，推动整个产业的持续发展和创新。

（4）模拟飞行对低空旅游市场扩展的推动作用

模拟飞行在低空旅游市场扩展中扮演着举足轻重的角色。随着科技的飞速发展，模拟飞行技术日益成熟，为低空旅游市场带来了前所未有的机遇。通过模拟飞行，游客可以在安全、可控的环境下体验飞行的乐趣，从而激发对低空旅游的兴趣和热情。

以某知名旅游胜地为例，引入模拟飞行体验项目后，低空旅游市场的游客数量显著增长。据统计，引入模拟飞行项目后的第一年，该旅游胜地的低空旅游游客数量增长了近30%。这一数据充分证明了模拟飞行对低空旅游市场扩展的推动作用。

模拟飞行不仅提升了低空旅游的吸引力，还促进了相关产业的发展。随着模拟飞行技术的普及和应用，越来越多的旅游企业开始关注并投资低空旅游市场。这不仅带动了旅游业的繁荣，还促进了航空器制造、飞行培训等相关产业的快速发展。

此外，模拟飞行还为低空旅游市场的安全监管提供了有力支持。通过模拟飞行，相关部门可以更加精准地评估飞行器的性能和安全性，从而制定更加科学合理的安全监管措施。这有助于提升低空旅游市场的整体安全水平，为游客提供更加安全、可靠的旅游体验。

模拟飞行技术的引入，为低空旅游市场注入了新的活力。它不仅能够提升游客的飞行体验，还能够推动相关产业的快速发展。未来，随着模拟飞行技术的不断进步和应用，低空旅游市场将迎来更加广阔的发展前景。

（5）飞行模拟技术在提升低空旅游安全性中的作用

飞行模拟技术在提升低空旅游安全性中发挥着举足轻重的作用。通过高度逼真的模拟环境，飞行模拟技术能够模拟各种飞行条件和突发状况，使飞行员在真实飞行前就能充分了解和掌握各种飞行风险。据相关统计数据显示，经过飞行模拟训练的飞行员在应对紧急状况时的反应速度和准确性均显著提高，从而大大降低了低空旅游中的安全风险。

以某知名低空旅游公司为例，该公司引入了先进的飞行模拟系统，对飞行员进行严格的模拟训练。在模拟训练中，飞行员不仅学习了基本的飞行技能，还通过模拟各种复杂天气条件和突发状况，提高了应对突发情况的能力。该公司自引入飞行模拟技术以来，低空旅游安全事故率显著下降，游客满意度也大幅提升。

此外，飞行模拟技术还可以用于飞行器的设计和改进。通过模拟不同设计方案的飞行性能，设计师可以及时发现潜在的安全隐患并进行优化。这种基于模拟技术的设计优化方法，不仅提高了飞行器的安全性，还降低了研发成本和时间。因此，飞行模拟技术在推动低空旅游产业的健康发展中发挥着不可或缺的作用。

飞行模拟技术是提升飞行安全性的重要手段之一，它能够帮助飞行员更好地掌握飞行技能，提高应对突发情况的能力，从而为低空旅游的安全发展保驾护航。因此，我们应该进一步加大对飞行模拟技术的研发和应用力度，为低空旅游产业的可持续发展提供有力支持。

2. 模拟飞行在提升低空交通管理与安全水平中的应用

飞行模拟在提升低空交通管理与安全水平中发挥着不可或缺的作用。通过高精度的飞行模拟系统，我们可以模拟各种复杂的飞行场景和突发状况，从而有效评估和优化低空交通管理流程。例如，在某次模拟实验中，我们成功模拟了多架无人机在复杂城市环境中的协同飞行场景，通过不断调整和优化交通管理策略，最终实现了无人机之间的安全、高效协同飞行。这一成功案例不仅验证了飞行模拟在提升低空交通管理水平中的有效性，也为未来的低空交通管理提供了宝贵的经验和参考。

此外，飞行模拟还可以用于评估低空交通系统的安全性。通过模拟各种潜在的飞行风险和安全隐患，我们可以及时发现并修复系统中的漏洞和不足，从而提高整个低空交通系统的安全性能。据相关数据显示，经过飞行模拟的测试和验证，低空交通系统的故障率得到了显著降低，飞行安全性得到了有效提升。

飞行模拟在提升低空交通管理与安全水平中的应用不仅体现在技术层面，更在于其对整个低空交通系统的优化和完善。通过不断模拟、测试和优化，我们可以逐步建立起一套高效、安全、可靠的低空交通管理体系，为未来的低空经济发展提供有力保障。飞行模拟是提升低空交通管理与安全水平的关键工具，它能够帮助我们更好地理解和掌握低空交通的复杂性和多变性，从而制定出更加科学、合理的交通管理策略。

七、模拟飞行面临的挑战与未来展望

1. 模拟飞行技术的局限性与挑战

尽管模拟飞行技术在航空领域取得了显著的进步，但其发展仍面临诸多局限性和挑战。

首先，模拟环境的逼真度虽然不断提高，但与真实飞行条件相比，仍然存在差距。模拟器无法完全复制极端天气条件下的飞行体验，如冰雹、雷暴等，这限制了飞行员在极端情况下的训练效果。模拟器在重现特定气象条件下的准确度约为 85%，这表明仍有改进空间。

其次，模拟飞行技术在处理复杂系统故障模拟方面也存在挑战。尽管模拟器能够模拟多种故障情景，但与真实飞行中可能出现的复杂故障相比，模拟器的故障模拟可能过于简化。模拟器在模拟某些特定系统故障时，其复杂性和多样性仍不足以覆盖所有可能的飞行情景。这可能导致飞行员在面对真实世界中未被模拟器覆盖的故障时，缺乏足够的应对经验。

再次，模拟飞行技术在人工智能和机器学习方面的应用也面临挑战。虽然人工智能可以提高模拟器的智能化水平，通过自适应学习算法来调整训练难度，但目前的人工智能模型在处理非线性、多变量的飞行决策问题时，仍然存在局限性。这限制了模拟飞行在高级决策训练中的应用范围。

最后，模拟飞行技术的经济成本也是一个不容忽视的挑战。高质量的飞行模拟器价格昂贵，维护成本高，这限制了其在小型航空公司和飞行学校的普及，一架全任务飞行模拟器的成本可能高达数百万美元，而其年维护费用亦可达到数十万美元。随着模拟飞行技术的不断进步和成本的降低，将会进一步提升其在航空领域的应用价值。

2. 模拟飞行技术的未来发展趋势与创新方向

随着技术的不断进步，模拟飞行技术正成为航空技术进步的加速器，其未来发展趋势与创新方向预示着航空业将迎来革命性的变革。

首先，模拟飞行技术正朝着更高逼真度的方向发展，通过采用先进的图像渲染技术和物理模拟算法，能够提供接近真实的飞行体验。新一代飞行模拟器能够模拟超过 200 种不同的飞行条件和紧急情况，使飞行员在虚拟环境中得到全面的训练。

其次，人工智能的融入为模拟飞行带来了新的可能性。通过机器学习和深度学习技术，模拟器能够根据飞行员的操作习惯和反应模式进行个性化调整，提供定制化的训练方案。能够分析飞行员在模拟器中的表现，识别潜在的技能缺陷，并提供针对性的改进建议。这种智能化的训练方式，不仅提高了训练的针对性，还为未来飞行员的选拔和培养提供了科学依据。

再次，虚拟现实（VR）和增强现实（AR）技术的融合，为模拟飞行带来了沉浸式体验的新维度。通过 VR 头盔和 AR 眼镜，飞行员可以置身于一个全方位的虚拟飞行环境中，进行更为直观和互动的训练。飞行员可以在虚拟机舱内进行各种操作练习，这种训练方式极大地提高了学习的趣味性和效率。

最后，模拟飞行技术的创新方向还包括了对无人驾驶技术的支持。随着无人机和自主飞行器的广泛应用，模拟飞行技术在测试和验证这些新型飞行器的飞行控制算法、决策系统以及安全性能方面发挥着越来越重要的作用。

综上所述，模拟飞行技术的未来发展趋势和创新方向，不仅预示着航空培训和设计创新的革命，也为无人驾驶技术的发展提供了坚实的技术支撑。